LECTURES

INSTRUCTIVES ET AMUSANTES

LECTURES

instructives et amusantes

sur

Diverses Inventions, Découvertes, &c.

Avis à un Enfant Chrétien.

Souvenez-vous, mon cher enfant, que Dieu, qui vous a donné la vie, qui vous la conserve et qui vous comble de bienfaits en ce monde, vous promet encore la félicité éternelle. Rendez-vous digne de ses faveurs, en observant avec fidélité les commandements qu'il vous a donnés. Chaque jour, adressez-lui avec ferveur la prière du matin et celle du soir, et ne manquez pas, à votre réveil, de lui offrir votre cœur.

Respectez son saint nom, et généralement tout ce qui a rapport à la religion.

Évitez avec soin tout ce qui déplaît à Dieu, comme sont les jurements, les mensonges, la colère, la gourmandise, la paresse, les paroles messéantes, et toute action que vous n'oseriez pas faire devant les personnes que vous respectez.

Ne fréquentez jamais les enfants vicieux ou méchants, de peur de leur devenir semblable.

Honorez votre père et votre mère, parce qu'ils tiennent à votre égard la place de Dieu ; soyez reconnaissant pour tous les bons offices qu'ils vous ont rendus, et le Seigneur vous bénira.

Aimez votre prochain comme vous-même, et ne faites à personne ce que vous ne voudriez pas qu'on vous fît.

Gardez-vous de rendre le mal pour le mal ; et si quelqu'un vous fait de la peine, supportez-le pour l'amour de Dieu.

Aimez à vous instruire ; soyez assidu

à l'école, écoutez avec attention ceux qui sont chargés de votre instruction, et étudiez avec soin les leçons qui vous sont données.

Soyez soumis aux lois de l'Eglise et de l'Etat, et respectez les personnes qui ont autorité sur vous.

Maximes tirées du Saint Evangile.

Bienheureux ceux qui sont doux, parce qu'ils posséderont la terre.

Bienheureux ceux qui pleurent, parce qu'ils seront consolés.

Bienheureux ceux qui ont le cœur pur, parce qu'ils verront Dieu.

Nul ne peut servir deux maîtres; car, ou il haïra l'un et aimera l'autre, ou il se soumettra à l'un et méprisera l'autre.

Demandez, et l'on vous donnera; cherchez, et vous trouverez; frappez à la porte, et on vous l'ouvrira.

Tout arbre qui est bon, produit de bons fruits; tout arbre qui ne produit pas de bons fruits, sera coupé et mis au feu.

Tous ceux qui me disent: Seigneur, Seigneur, n'entreront pas pour cela dans le royaume des cieux; mais celui-là seulement y entrera qui fait la volonté de mon père qui est dans les cieux.

Quiconque aura donné seulement un verre d'eau à l'un de ces petits, comme étant de mes disciples, je vous le dis en vérité, il ne perdra point sa récompense.

Venez à moi, vous tous qui êtes fatigués et qui êtes chargés; et je vous soulagerai.

Si quelqu'un veut venir après moi, qu'il renonce à soi-même, qu'il se charge de sa croix et qu'il me suive.

Que sert à l'homme de gagner tout l'univers, s'il perd son âme?

Si quelqu'un scandalise un de ces petits qui croient en moi, il vaudrait mieux pour lui qu'on lui pendît au cou une meule de moulin, et qu'on le jetât au fond de la mer.

Ne jugez point, et vous ne serez point jugés; ne condamnez point, et vous ne serez point condamnés; remettez, et l'on vous remettra.

Cherchez premièrement le royaume de Dieu et sa justice, et tout le reste vous sera donné par surcroît.

Si vous voulez entrer dans la vie, gardez les commandements.

Sentences et Proverbes.

Fréquentez les gens de bien, et vous le deviendrez.

Les diamants ont leur prix, mais le bon conseil n'en a point.

Celui qui se corrige en voyant les fautes d'autrui, ne peut manquer de devenir honnête homme.

Ne remettez pas à demain le bien que vous pouvez faire aujourd'hui.

On se trompe soi-même lorsqu'on croit tromper les autres.

On ne saurait conserver l'amitié, si l'on ne se pardonne réciproquement plusieurs défauts.

Le chagrin et l'inquiétude ne remédient à rien, ils nous rendent encore plus malheureux dans la mauvaise fortune.

Fuyez les procès sur toutes choses; la conscience s'y souille souvent, la santé s'y altère, les biens s'y dissipent.

Ce n'est pas assez de connaître ses devoirs, il faut avoir assez de courage pour les remplir.

Quand on dit : Je ne puis pas; c'est le courage qui manque, plutôt que les forces.

Le vrai secret d'être heureux, c'est

de ne vouloir que ce que Dieu veut.

Peu avec la crainte de Dieu, vaut mieux que de grands trésors qui ne rassasient jamais.

Désirez peu, et vous serez toujours riche.

Un cœur bienfaisant a toujours de quoi donner; l'avare n'a jamais rien.

Le jeu et la prodigalité ont ruiné des millions de familles; l'aumône n'en a appauvri aucune.

On doit se méfier d'un mauvais livre comme d'un serpent, qui, tôt ou tard, donne la mort à ceux qui s'amusent avec lui.

Chacun peut dire: J'étais hier; mais personne ne peut dire: Je serai demain.

Tout mal qui passe n'est pas un vrai mal; tout bien qui finit n'est pas un vrai bien.

Pensez à Dieu dans toutes vos voies, et il conduira lui-même vos pas.

L'Agriculture.

Tirer de la terre le plus de produits possible avec l'emploi des moyens les plus simples et les plus économiques, c'est ce qu'on appelle l'Agriculture. Pour le simple cultivateur, l'agriculture est un art; elle est une science pour l'agronome, c'est-à-dire, pour l'homme qui médite, qui perfectionne, qui ne prend le fait que comme point de départ pour les explorations de sa pensée, pour l'application de ses théories.

Condamné à manger son pain à la sueur de son front, l'homme fit anciennement de la culture de la terre sa première occupation; mais l'agriculture n'a pas le seul avantage de la primauté sur les autres occupations de l'homme; elle est encore la plus nécessaire, la plus étendue, la plus facile, la plus productive pour le pays, la plus prodigieuse dans ses résultats, celle qui approche le plus de la création, celle qui met le plus l'homme en rapport avec Dieu.

1° La plus nécessaire. Elle seule fournit à l'homme les aliments pour soutenir son existence, les vêtements pour couvrir son corps, le logement et les autres choses dont il a besoin. Mais si l'homme isolé doit sa vie et son bien-être à l'agriculture, les nations ne lui doivent pas moins leur existence et leur prospérité : l'absence, même momentanée, de ses largesses porterait partout le désordre. Et d'ailleurs, quel est le genre d'industrie qui n'ait pas à réclamer le secours de l'agriculture ? La navigation lui doit ses vaisseaux et ses provisions ; le commerce, ses matières premières ; le manufacturier n'a presque en main que ses produits ; la médecine lui doit ses plantes, la peinture ses toiles, ses pinceaux et la plupart de ses couleurs; par un homme sur la terre qui ne soit environné et chargé de ses bienfaits.

2°. La plus étendue et la plus générale[ment] pratiquée. Pour se convaincre de cette vérité, il n'y a qu'à jeter un coup d'œil sur ce qui se passe dans le monde, et l'on verra que si en France, par exemple, le sol compte près de 53 millions d'hectares, et qu'on en retranche 12 millions compris en forêts, maisons, rivières, &c. il en restera cependant encore plus de 40 millions consacrés à l'agriculture; et que, sur une population de 36 millions d'habitants, 26 et plus se livrent aux travaux de la campagne.

3°. La plus facile et la plus simple. L'agriculture ne repousse ni les sciences, ni les lettres, mais elle réclame bien plus impérieusement l'esprit d'observation, le bon emploi des moyens que donne l'expérience du passé, le courage, l'activité, &c. Les forces qu'elle emploie sont aussi faciles à obtenir que les instruments dont elle se sert sont simples. Un bon attelage de chevaux ou de bœufs, quelquefois l'un et l'autre; des voiture grotesque, mais solide; une charrue, une herse, des bêches, des pioches, des fourches des faulx, des faucilles, et peu de choses en sus lui suffisent pour ameublir le sol, c'est-à-dire le rendre propre à donner passage aux racines, à l'eau pluviale, à l'air, à la chaleur, et à récolter les riches produits de la terre.

4.° La plus productive pour le pays. Un rapport terminé en 1834 prouva que la France récolte en céréales environ cent cinquante-trois millions d'hectolitres; ce qui, au prix moyen, donnerait plus de deux milliards de francs. Si à ce chiffre on ajoute le prix des autres produits en vins, en légumes, en foin, &c. &c., le prix des quarante mille chevaux, des huit cent mille bœufs ou vaches, des cinq millions de moutons, de cent mille porcs, d'une multitude de volailles &c. &c., que l'agriculture élève, on verra qu'elle donne au commerce, ou à sa propre consommation, pour plus de quatre milliards et demi de francs; tandis que l'industrie ne donne que le chiffre généralement adopté de six cents millions de francs (Encyclopédie).

5.° La plus prodigieuse dans ses résultats, la plus semblable à la création et la plus agréable à contempler. Rien de plus merveilleux que la végétation; c'est une vraie création journatière dont le cultivateur est la cause secondaire: un grain, un pépin, un noyau est jeté en terre, et voilà qu'une puissance mystérieuse s'empare de son être, répand en lui un esprit de vie et un pouvoir de fécondité. Une herbe paraît; une tige se développe, s'allonge plus ou moins suivant l'espèce qu'elle doit renouveler. Peu après des fleurs apparaissent, des fruits se montrent à l'œil du cultivateur, s'offrent à sa main laborieuse, et lui donnent trente, soixante, cent, mille, &c., pour un. Certaines semences donnent au cultivateur plus d'occupations, parce qu'elles doivent être renouvelées chaque année; d'autres, comme pour le dédommager, survivent à plusieurs générations humaines pour les enrichir successivement, sans leur demander ni soins, ni culture.

Les boutures et la greffe offrent de nouvelles merveilles à l'homme qui en examine les résultats: c'est une simple branche mise en terre qui se donne des racines et produit une plante semblable à celle dont elle a été extraite; c'est un simple rameau placé par incision sur un sauvageon, et qui force la sève, en passant par ses interstices, à produire des fruits délicieux, au lieu de fruits amers que par nature il devait porter.

N'est-ce pas encore la végétation, c'est-à-dire

l'œuvre de l'agriculteur, qui offre à la vue le plus beau spectacle ? transportez-vous au haut de cette montagne, et voyez d'abord les rayons du soleil levant se reflétant sur les gouttelettes de rosée qui couronnent le sommet de chaque brin d'herbe, et les changeant en des milliards de perles ! Voyez ces innombrables arbres fruitiers formant d'abondant tant d'énormes bouquets de fleurs à mille couleurs diverses, se chargeant plus tard d'une quantité prodigieuse de fruits, aussi beaux à la vue qu'agréables au goût et utiles à la santé de l'homme. Contemplez le majestueux balancement de ces arbres séculaires dont les sommets semblent se confondre avec les nues ; voyez ce champ de blé ondoyant ses tiges, balançant ses épis comme les flots d'une mer légèrement agitée par un doux Zéphir ; voyez ce parterre qu'une main humaine a planté, mais que Dieu seul a embelli : quoi de plus admirable, quoi de plus capable de nous porter à Dieu !

Mais pourquoi nous arrêter à tel genre ou à telle espèce, lorsque dans les produits de l'agriculture tout est grand, tout est sublime ! Ces proportions si parfaites, ces traits si purs, ces convenances si variées ne se font pas moins remarquer dans le brin d'herbe que nous foulons aux pieds, que dans ces végétaux superbes dont les ombres se déploient avec tant de majesté sur nos têtes ! Rien n'est monotone dans la campagne : chaque genre de culture et de produit offre des variations ; chaque saison présente un nouveau spectacle, de nouvelles plantes, de nouvelles fleurs, de nouveaux fruits, de nouvelles couleurs, &c. &c. En vain l'art essaierait-il d'imiter ce que l'agriculture a planté et que Dieu a fait croître, a embelli : un brin d'herbe même le désespère, parceque l'art ne vient que de l'homme, et que le brin d'herbe vient de Dieu.

6°. L'agriculture est la profession qui met le plus l'homme en rapport avec Dieu. Les combinaisons de l'homme d'Etat, les opérations du banquier, du négociant, du spéculateur, &c., ne dépendent pas absolument du temps et des saisons, du froid et du chaud. Il n'en est pas de même pour l'agriculteur ; il sait très bien qu'il ne lui suffit pas de semer ni de planter, mais qu'il faut encore que le temps lui soit favorable. Il veut bien que l'hiver ait son cours ; mais ses intérêts demandent qu'il ne soit ni trop rigoureux, ni trop prolongé. Il faut pour lui que le printemps soit doux, que l'été soit chaud, et surtout que la pluie tombe aux époques convenables, et qu'il n'y en ait ni trop, ni trop peu. Mais il sait aussi, et les traditions de famille n'ont pu le lui laisser ignorer, il sait que le froid et le chaud, la pluie et la chaleur sont entre les mains de Dieu, et que pour les obtenir en temps opportun, il faut recourir à lui. Ses devoirs comme ses intérêts le portent donc tour à tour à élever ses yeux, ses mains et son cœur vers le ciel pour lui demander appui et protection. Si ses anxiétés augmentent à proportion que le temps des récoltes approche, alors aussi ses prières se multiplient ; si un orage se forme à l'horizon, si les éclairs sillonnent les nues, si le tonnerre gronde au loin, oh ! c'est alors que le père, la mère de famille, les enfants, les serviteurs et les servantes unissent leurs voix et conjurent le ciel de ne pas les frustrer dans leurs justes espérances et de leur conserver ce qu'il leur a donné.

L'Écriture.

L'écriture est un art si utile, si simple et si admirable, qu'on serait porté à croire que cette invention merveilleuse a été inspirée par Dieu même aux hommes.

C'est un don précieux de la nature et un bienfait du Créateur.

Un poëte français, Brébeuf, dans sa Pharsale, a défini l'écriture :

> .... Cet art ingénieux
> De peindre la parole et de parler aux yeux,
> Et par les traits divers de figures tracées,
> Donner de la couleur et du corps aux pensées.

L'invention de l'écriture est de la plus haute antiquité, et il serait difficile d'en nommer l'auteur.

Cet art n'a pas toujours été au degré de perfection où il est aujourd'hui; à l'origine des sociétés, les hommes se sont servis de signes et de caractères symboliques pour faire connaître leurs pensées; c'est ce qu'on a appelé l'écriture hiéroglyphique.

De l'écriture de la pensée, exprimée par des signes les hommes furent amenés peu à peu à la découverte des lettres de l'alphabet, qui combinées entre elles peuvent rendre non-seulement les pensées, mais les mots et les syllabes dont se compose le langage.

Plusieurs savants attribuent l'invention des caractères alphabétiques aux Égyptiens et en font auteur le fameux Thoth, auquel on attribue, du reste, vingt autres découvertes différentes. On le fait vivre dans le XXe siècle avant Jésus-Christ. D'autres soutiennent, avec plus de vraisemblance, que cette invention est due aux Phéniciens et aux Hébreux, ces derniers étant désignés souvent dans l'histoire sous le nom de Phéniciens.

Qu'elles vinssent des Phéniciens ou des Hébreux, les lettres de l'alphabet furent importées en Grèce par Cadmus (en 1582 avant Jésus-Christ) d'où elles passèrent en Europe.

Les peuples ayant reçu la théorie de l'écriture ont beaucoup varié dans la forme de l'exécution et dans la disposition des lignes.

Les Chinois, Japonais et quelques autres peuples ont une écriture perpendiculaire, en allant de bas en haut et commençant leur page par où nous la finissons.

Presque tous les autres peuples ont une écriture horizontale allant de gauche à droite.

On distingue plusieurs genres d'écriture; les principaux aujourd'hui en usage sont: la bâtarde; la coulée; la ronde; la gothique et la cursive, appelée aussi anglaise.

Le Papier.

Les matières que l'on a employées d'abord pour l'écriture, ont été le bois la pierre et les métaux; nous lisons dans l'histoire sainte que les dix commandements de Dieu furent écrits sur deux tables de pierre; on écrivait aussi sur des rouleaux faits le plus souvent de feuilles d'arbres.

Par la suite on découvrit l'art d'écrire sur des feuilles de palmier ou de marbre, puis sur le papyrus ou l'écorce d'un arbuste assez ressemblant au roseau.

C'est du papyrus que nous est venu le nom de papier.

Le papier fait avec du chiffon n'a été connu en Europe qu'au XIIe siècle; mais les Chinois en faisaient usage bien long-temps avant cette époque.

Plumes et encre.

Les instruments dont on se servait pour écrire étaient appropriés aux matières sur lesquelles on écrivait : le cuivre, la pierre &c.

Ce fut en premier lieu un poinçon à graver, et plus tard le stylet. Mais comme le stylet de fer devenait dangereux, on le remplaça par le stylet d'os ou d'ivoire.

Quand on se servit pour écrire de matières moins dures que la pierre et le métal, au lieu de Stylet on employa des roseaux, des plumes d'oie, de canard, de poule, dont on fait encore usage.

On se sert aussi aujourd'hui avec avantage de plumes métalliques.

L'encre que les anciens peuples employaient était de différentes couleurs et de différentes compositions. Les Romains faisaient leur encre avec la suie des fours et des bains; peu de personnes se servaient d'encre liquide. Depuis longtemps on fait l'encre ordinaire avec une décoction de noix de galle, mise en contact avec une dissolution de couperose, puis on y ajoute de la gomme arabique, en quantité suffisante pour donner à l'encre une consistance convenable.

Imprimerie.

C'est dans le XVe. siècle que l'on vit naître cette belle invention, dont le mérite est de porter l'instruction dans toutes les classes de la société.

Cette découverte admirable a changé, pour ainsi dire, la face du monde, et on peut à bon droit la considérer comme la plus importante de la civilisation ; elle a rendu les plus grands services à l'humanité et a contribué puissamment à l'éclairer.

L'invention de l'imprimerie est due à un gentilhomme de Mayence nommé Jean Gutenberg, né en cette ville en 1400. On assure pourtant que l'art de fixer les idées sur le papier au moyen de l'imprimerie était depuis longtemps en usage en Chine, au Japon et même dans la Tartarie ; mais on n'a rien de certain à cet égard.

Les premiers essais typographiques furent faits à Strasbourg : Gutenberg sculpta des lettres mobiles de bois, séparées les unes des autres, et que l'on pouvait employer à former des mots, des lignes et des pages pour toutes sortes de compositions.

En 1452 on trouva le secret de remplacer les caractères de bois par des caractères en métal, et c'est alors réellement que l'imprimerie fut inventée.

La ville de Strasbourg a célébré

en 1840 le quatrième anniversaire séculaire de l'invention de l'imprimerie, et a élevé à Gutenberg, qu'elle semble avoir adopté pour un de ses enfants, une statue qui décore aujourd'hui une des places de cette ville.

Lithographie.

Le nom lithographie est composé de deux mots grecs : pierre et écrire. On a ainsi composé ce nom exprès pour exprimer l'art de reproduire les représentations de toute nature faites par des artistes sur une pierre.

L'art de la lithographie est dû, ainsi que beaucoup d'autres, à la nécessité, mère des inventions. Un jeune littérateur bavarois, nommé Aloys Sennefelder, trop pauvre pour se faire connaître du public par l'impression de ses ouvrages, s'ingénia pour les imprimer lui-même. Il composa de l'encre grasse, et il essaya si en écrivant avec cette encre sur des lames de cuivre on ne pourrait pas reproduire l'écriture sur le papier. Obligé de tracer les lettres à rebours, il s'y exerçait sur des carreaux de pierre calcaire dont il polissait la surface. Dans ce travail, la pensée lui vint d'essayer si l'écriture faite avec son encre sur la pierre ne se reproduirait pas sur le papier au moyen d'une pression. Il y réussit. De nouveaux essais lui prouvèrent aussi la possibilité de prendre des impressions successives de l'écriture tracée sur la pierre. Joyeux de sa découverte, et sentant l'importance qu'elle pouvait acquérir, il lithographia des morceaux de musique, différents dessins, de l'écriture, etc. Le nouvel art était dès lors inventé. On place cette invention aux dernières années du XVIIIe siècle.

La lithographie fit en peu de temps de rapides progrès. Aujourd'hui ses produits ont souvent une telle perfection, qu'on serait tenté de les prendre pour de beaux originaux.

A l'exactitude & à la fidélité de la reproduction, la lithographie joint encore l'économie; elle nous donne à très bas prix de bonnes copies de nos grands maîtres, des paysages, des portraits des célébrités actuelles, des cartes géographiques, des modèles de tous les genres d'écriture. L'industrie manufacturière s'est aussi emparée de la lithographie pour embellir une foule de produits; elle l'applique aux décorations de la poterie, de la faïence et de la porcelaine, aux dessins qu'elle transporte sur les tissus de tout genre, sur les cuirs, sur les bois, sur les métaux vernis, etc, etc.

La pierre calcaire granulée dont on se sert, ayant la propriété de s'imbiber d'eau et de graisse, permet d'opérer le tirage par le procédé suivant:

On trace un dessin sur la pierre avec un crayon gras, et s'il s'agit d'écriture, avec de l'encre grasse; puis on lave la pierre avec de l'eau qui s'infiltre partout où le crayon gras n'a pas touché; on passe sur la pierre un cylindre chargé d'encre à imprimer; cette encre étant grasse s'applique sur le dessin tracé par le crayon gras, tandis qu'elle est repoussée de toutes les parties imbibées d'eau. On applique une feuille de papier sur la pierre ainsi préparée, on donne une forte pression, et le dessin est communiqué dans toute sa perfection à la feuille de papier. Cette feuille enlevée, on mouille de nouveau la pierre, on passe l'encre, on donne la pression, & on obtient une seconde épreuve du dessin. On continue de la sorte jusqu'à la dernière épreuve. En prenant quelques précautions, on peut tirer des milliers d'épreuves, dont chacune est la reproduction fidèle de l'original.

Quelquefois on écrit sur le papier préparé à cette fin, puis on le renverse sur la pierre, et moyennant une forte pression l'écriture s'attache sur la pierre. Alors on opère comme il vient d'être dit. — C'est ce qu'on appelle autographier.

Peinture.

La peinture est l'art de représenter, le plus souvent sur des surfaces planes, tous les objets qu'offre la nature, et de les faire paraître à l'œil dans leurs formes naturelles de manière à lui faire illusion à l'induire en erreur, & cela par la seule combinaison des couleurs.

La peinture comprend cinq parties principales : 1° la composition, c'est-à-dire, le choix du sujet, le nombre & le caractère des personnages, la disposition & l'agencement de chaque objet en particulier ; 2° le dessin ; 3° l'expression ; 4° le clair-obscur ; 5° le coloris ou la couleur.

Les premières peintures furent monochromes, c'est-à-dire faites avec une seule couleur (c'était le cinabre rouge de l'Inde). On attribue l'invention de ces premières peintures à Cléophante de Corinthe, 1400 ans avant J.-C. Plus tard on se servit de quatre couleurs, savoir : le rouge, le jaune, le noir & le blanc. Bularque, qui vivait 704 ans avant J.-C. fut le premier peintre polychrome.

Les Egyptiens firent faire un grand pas à la peinture en appliquant les couleurs sur toutes sortes d'objets, & les Perses firent de magnifiques tapis. Cicéron parle de ceux que Verrès trouva en Sicile, & qu'on attribue à Attale 1er, roi de Pergame; ils étaient en laine, en toile, &a, représentant divers personnages. Les Arabes & les Perses connaissaient la mosaïque. Vers l'an 450 avant J.-C. parut Agatharque; il peignit le premier des décorations sur les monuments publics (447). Panénus & Démophile introduisirent à Rome la peinture grecque (422). Arcésilaüs peignit sur la cire & sur l'émail (404). Après eux parurent Apollodore (403); Zeuxis (380); Parrhasius (375); Timanthe (350); Apelles (330); dont l'habileté fit oublier tous ceux qui l'avaient précédé.

La peinture suivit souvent le génie & les mœurs des siècles; ainsi, après avoir été tour à tour sévère, naïve, simple, belle & exacte, elle devint futile, efféminée & de mauvais goût. Ce ne fut que vers le milieu du XVIIIe siècle que de Caylus, puis Vien, & ensuite David, firent reprendre à la peinture française son premier éclat.

Chaque pays a eu ses artistes, & ces artistes ont eu des genres différents; de là les écoles diverses dont nous citerons les principaux personnages.

École Florentine, qui a produit: Cimabue, Giotto, Beato Giovanni Angelico, Antonello di Messina, Rosso, Pietro di Cortone.

École Romaine, qui a produit Perugino, Raphaël, (Raffaello Sanzio di Urbino,) le plus grand de tous les peintres;

Polidoro di Caravaggio, Carlo Maratta, Salvator Rosa, &c.a

Ecole Vénitienne, qui a produit Gentil Bellin, Sebastiano del Piombo, Bassan, Palme le jeune.

Ecole Lombarde, Le Corrège, Louis Carrache, Michel-Ange de Caravage, Le Guide, &c.a

Ecole Allemande, qui a produit, Guillaume, Jean Van-Eyck, Albert Durer, Mabuse, Lucas de Leyde, Holbein, &c.a

Ecole Flamande, qui a produit Bril, Breugel, Rubens, Vandyck, Teniers, Vanloo; Jean Van-der Meer, &c.a

Ecole Hollandaise, qui a produit Otto-Vaenius, Rembrand, Paul Potter, Berghem, Miéris, Van der Velde, &c.a

Ecole Espagnole, qui a produit Rinçon, Morales, Vargas, Navarrete, Murillo, &c.a

Ancienne Ecole Française, qui a produit Jean Cousin, Le Poussin, Claude Lorrain, Blanchard, La Hire, Le Brun, de La Fosse, Jouvenet, Mignard, Antoine Coypel, Lemoine, De Latour, Boucher, Vernet, célèbre peintre de marine, Watelet, &c.

Nouvelle Ecole Française, qui a produit Louis David, Regnault, Drouais, Guérin, Léopold Robert, Hersent, A. Pujol, H. Vernet, Delacroix, Scheffer &c.

L'Ecole Anglaise a produit Hogarth, Wilson & West.

Gravure.

Reproduire en petit et multiplier à l'infini un plan, une carte, un dessin, tel est le but de la gravure. L'origine de cet art merveilleux ne se perd pas, comme tant d'autres, dans la nuit des temps. Ce n'est pas que les encyclopédistes n'aient avancé, selon leur usage, que les Chinois, les Japonais & les Indiens y excellaient plus de mille ans avant l'ère chrétienne; mais c'est là une assertion qui est loin d'être bien prouvée. Toutefois, on ne peut disconvenir que les Anciens n'en aient eu quelque connaissance; en effet, dès le siècle de Périclès, 450 ans avant Jésus-Christ le fameux sculpteur Phidias avait porté l'art de ciseler les métaux à un haut degré de perfection. Vers cette même époque, les Égyptiens, les Grecs, les Juifs même, et plus tard les Étrusques et les Romains, gravaient les pierres fines & façonnaient ces camées, ces scarabées inimitables, que nous admirons dans les musées de nos villes ou dans les cabinets des curieux. De ces chefs-d'œuvre à la gravure telle que nous l'entendons aujourd'hui, il n'y a qu'un pas. Eh bien! ce pas n'a été franchi qu'à la fin du XIVe siècle, par les Allemands, qui firent paraître à cette époque les premières cartes géographiques gravées sur bois. Longtemps on a regardé un saint Christophe, conservé dans la bibliothèque nationale, à Paris, & portant la date de 1423, comme la plus ancienne gravure connue; mais on vient de découvrir, à Malines, une estampe qui remonte à 1418, et qui est d'une exécution supérieure à la précédente; elle représente la très-sainte Vierge et l'enfant-Jésus dans un jardin.

On attribue généralement la gravure sur métaux à Maso Finiguerra, orfèvre de Florence, en 1452: mais il paraît qu'il ne fit que perfectionner les premiers essais tentés 40 ans auparavant par son concitoyen Jean della Carnicle. Le perfectionneur a fait oublier ici l'inventeur! La même chose a eu lieu pour la gravure à l'eau-forte. Venceslas d'Olmutz l'avait entrevue dès 1496, mais il a été éclipsé par le fameux Albert Durer, l'un des plus célèbres artistes de l'Allemagne, qui, à partir de 1515, a donné environ 90 sujets, presque tous tirés de la vie et de la Passion de Notre-Seigneur.

Disons encore un mot de deux autres sortes de gravures; la gravure sur diamant, et la gravure sur verre. La première demande un talent et une patience rares; elle est due à un Milanais, nommé Clément Birague (1564); mais elle n'a pas eu beaucoup de vogue, et cela se conçoit. Quant à la gravure sur verre, dont les Allemands revendiquent la découverte pour leur compatriote Gaspard Lehmann (1612), elle n'a guère commencé à avoir du succès qu'au milieu du XVIII.e siècle, lorsque Scheele, chimiste Suédois, eut découvert l'acide fluorique, qui attaque le verre avec une grande énergie.

La gravure sur métaux se fait de deux manières, au burin et à l'eau-forte. Pour buriner, ce qui est assez difficile, il faut commencer par tracer son dessin avec une pointe dure sur le cuivre ou sur l'acier disposé à cet effet; ensuite on passe le burin sur les traits de ce dessin, et on leur donne la force ou la délicatesse qu'ils doivent avoir. La gravure sur bois s'exécute de la même manière.

Pour la gravure à l'eau-forte, le procédé est sinon plus simple, du moins plus facile. On enduit la plaque de métal d'une couche de cire noircie, et de la consistance d'un vernis, et l'on y décalque le dessin, qui a dû être tracé d'avance sur du papier convenable. Ensuite on passe une pointe d'acier sur les traits du dessin décalqué, de manière à le reproduire sur la cire et à enlever celle-ci jusqu'à la plaque métallique. Alors on verse dans ces petites rigoles de l'eau-forte, qui ne tarde pas à creuser le métal découvert, et à y laisser des traces plus ou moins profondes, selon le temps qu'elle y séjourne. Cette première opération terminée, on nettoie la planche, on corrige avec le burin les imperfections, les défauts ou les oublis, et l'on est à même de tirer l'estampe par milliers.

La gravure est prospère à Londres, à Paris, à Bruxelles et à Amsterdam.

Sculpture

La sculpture est l'art de représenter, en pierre, en marbre, en bois, etc., en personnage ou tout autre objet d'art donné ou dont le sculpteur a conçu l'idée. Il les forme d'abord en cire, ou en glaises, ou en toute autre matière facile à travailler, afin de pouvoir plus aisément ôter ou ajouter à son ouvrage, jusqu'à ce qu'il l'ait conduit à la perfection qu'il désire. Cette opération finie, le sculpteur recouvre ordinairement son modèle en plâtre; il divise et découpe cette enveloppe diversement, en divers morceaux, pour pouvoir en retirer plus facilement les moulages qu'il opère, dans le but d'obtenir non seulement le modèle qu'il doit perfectionner mais encore ceux qu'il veut livrer au commerce.

Bien différent du peintre qui, pour produire son sujet, ajoute couleurs à couleurs, les variant & les modifiant suivant que le demandent les effets qu'il veut obtenir, le sculpteur, au contraire, retranche, diminue, creuse, &c., jusqu'à ce qu'il arrive à la perfection de son œuvre.

La sculpture date de la plus haute antiquité : Moïse défend à son peuple, de la part de Dieu, de faire aucune figure pour l'adorer; il place des séraphins sur le propitiatoire, pose la mer d'airain sur douze figures de bœufs, &c. Les Egyptiens faisaient des statues, mais elles étaient fort imparfaites, ayant toutes la même attitude, & n'exprimant ni formes, ni sentiments, ni affections.

Les Babyloniens et les Perses connaissaient l'art de fondre des statues, ainsi que les Phéniciens; mais ils ne donnèrent quelque perfection à leurs ouvrages que vers le V.e siècle avant Jésus-Christ.

Les Romains étaient plus avancés dans

la sculpture ; car, dès l'an 754 avant Jésus-Christ, ils avaient déjà de très belles statues en bronze. La Grèce surtout se distinguait par la richesse de ses sculptures.

Marcellus, rappelé à Rome, voulut embellir son triomphe en se faisant précéder par ce qu'il avait trouvé de plus beau, à Syracuse, en statues, sculptures, tableaux, &c. Au triomphe de Pompée, on voyait des vases en pierres précieuses, des statues, un lit, un trône, des sceptres en or massif. Chez les Romains, on distinguait quatre sortes de statues : les colossales, les curules, les équestres et les pédestres.

Les sculpteurs anciens les plus célèbres sont : Roupatus et Arthénius, qui vivaient 538 ans avant Jésus-Christ ; Alcamène, 450 ; Phidias, 445 ; Myron et Lysippe, 410 ; Apollonius, qui vivait du temps d'Alexandre.

L'an 14 après Jésus-Christ, on vit paraître Diogène d'Athènes ; Zénodore, Polydore, Athénodore, se distinguèrent dans les siècles suivants.

Après une longue interruption, la sculpture renaquit à Rome de Buono Faccio, et Nicolas de Pise, &c.

Puis vint, au XVe siècle le fameux Michel-Ange, puis Rattio, Bandinelli, Daniel, &c. enfin, dans les derniers temps, ont paru Bernini et Canova.

Parmi les sculpteurs les plus célèbres, la France compte Jean Goujon, Germain Pillon, Sarrasin, Duquesnoy, Flamand, Desjardins, Marsy, Falconet, Puget, Julien, Pajou, Rolland, Dupaty, Lemot, Lesueur, &c.

Poudre à Canon.

La poudre est une composition de soufre, de salpêtre et de charbon pilé.

On en attribue l'invention en Europe à Berthold Schwartz, religieux cordelier, né à Fribourg en Allemagne, qui, en 1320, en fit la découverte par hasard en se livrant à des expériences chimiques. D'autres prétendent que cette invention est due à un autre religieux, nommé Roger Bacon.

Les Français ont commencé de se servir des arquebuses ou canons à mains au siège d'Arras, en 1414.

Quoique la poudre à canon semble une invention funeste, parce que les hommes s'en servent pour s'entre-détruire dans les combats, à l'aide d'instruments qui donnent une mort aussi prompte qu'assurée, ne peut-on pas dire néanmoins que cette découverte est utile à l'humanité? Par elle le sort des batailles est plus tôt décidé, les combats sont moins acharnés et moins fréquents, sans parler des autres avantages que l'on en retire.

Paratonnerre.

Le paratonnerre est un appareil destiné à préserver les édifices de la foudre. Il est formé de 3 parties : la tige, la conduite et les racines.

1° La tige est en fer et va en s'amincissant, sa longueur est variable ; la pointe est généralement en platine, métal qui ne s'altère point à l'air ; une couche de peinture recouvre le reste de la tige.

2° La conduite est ordinairement formée de barres de fer carrées, qui ont 17 ou 18 millimètres de côté ; quelquefois c'est une espèce de corde en fils de fer ou de cuivre entrelacés et goudronnés séparément. Elle va plonger dans un terrain naturellement humide, ou mieux dans l'eau d'un puits. Si le terrain était sec, il faudrait faire descendre le conducteur de 4 ou 5 mètres dans la terre et l'environner de charbon calciné, de braise ou de coke. On doit éviter toute solution de continuité dans cette partie, car il pourrait en résulter de terribles accidents ; témoin la fin déplorable de Richmann, professeur de physique à St Pétersbourg.

3°. Les racines sont destinées à disséminer le fluide électrique dans le sol ; elles sont dirigées obliquement, afin de les éloigner des fondations de l'édifice.

Si un nuage vient à passer non loin du paratonnerre, celui-ci se trouve électrisé par influence ; l'électricité de même nature que celle du nuage est refoulée dans le sol, tandis que l'autre s'accumule vers la pointe, pour aller neutraliser celle du nuage orageux.

Franklin inventa les paratonnerres ; mais il ne fut pas le premier à réaliser cette idée. Le premier de ces instruments qui ait été construit en France, fut placé le 10 mai 1752 sur la machine de Marly, par les soins de Dalibard, qui contribua à propager la théorie de Franklin sur l'électricité. On dit que le premier paratonnerre que ce célèbre physicien ait fait poser, lors de son voyage en France.

ce fut sur sa maison de Passy, aujourd'hui pensionnat des Frères des Écoles Chrétiennes. Dans quelques villes, on opposa des ordonnances de police pour défendre les paratonnerres, s'imaginant faussement qu'ils attiraient la foudre. Il y eut même des procès intentés à ce sujet, notamment à Saint-Omer. Certaines personnes, plus zélées qu'éclairées, allaient jusqu'à dire que c'était braver le ciel et offenser Dieu.

On s'accorde généralement à étendre la sphère de protection du paratonnerre à une distance double de la longueur de sa tige. Il est certain que si les paratonnerres étaient plus multipliés à la surface de la terre et placés sur des lieux élevés, la foudre tomberait beaucoup plus rarement. C'est ce que l'on remarque pour Paris en particulier depuis que les principaux édifices sont surmontés de paratonnerres.

Une église de Carinthie était frappée de la foudre 4 ou 5 fois par an, en moyenne. En 1778, on y fixa un paratonnerre; au bout de 5 ans, au lieu de 20 à 25 fulminations dont elle aurait dû être atteinte pendant ce laps de temps, le clocher avait été frappé une seule fois et encore sans le moindre accident, car le coup avait porté sur la pointe du paratonnerre.

Le temple de Jérusalem n'a jamais été, à ce qu'il paraît, frappé de la foudre. Mais il est bon de remarquer que le toit, construit à l'italienne et boisé de cèdre doré, était garni d'un bout à l'autre de longues lances de fer pointues et dorées. De plus, sous le parvis, existaient des citernes qui recevaient l'eau des toits par des conduits métalliques. Tout cela, comme on voit, forme un système complet de paratonnerres.

Aimant.

On trouve dans le sein de la terre et particulièrement en Sibérie, en Norwége, en Suède, en Chine, à Siam, aux îles Philippines, dans l'île d'Elbe, un minéral d'une couleur grise sombre, quelquefois cristallisé, qui a la propriété d'attirer énergiquement et à distance le fer, le nickel, le cobalt. Ce minéral, composé presque exclusivement de fer avec une faible quantité d'oxigène, a reçu chez nous le nom d'aimant, ou de pierre d'aimant.

Les anciens, qui connaissaient sa vertu, l'avaient appelé magnès; cette dénomination a produit celle de magnétisme, nom que l'on donne en physique à la propriété de l'aimant d'attirer le fer et l'acier, & de leur communiquer sa vertu.

Une barre de fer qu'on a frictionnée avec un aimant, ou qu'on a laissée un peu de temps en contact avec cette pierre, se trouve avoir acquis la propriété d'attirer tout comme l'aimant d'autres masses de fer, de nickel, de cobalt. Le fer ou l'acier qui a acquis la propriété de l'aimant est appelé aimant artificiel.

L'aimant artificiel est quelquefois plus puissant que l'aimant naturel. M. Ingen-housz assure en avoir vu qui supportaient cent fois leur poids.

Le fer s'aimante plus facilement que l'acier; mais aussi il perd plus facilement son aimantation ou magnétisme que l'acier. L'acier trempé oppose au magnétisme une

résistance encore plus forte,
et cette résistance croît en raison
de la roideur de la trempe ; mais
alors la ténacité magnétique
atteint le plus haut degré
auquel elle puisse arriver.

Les aimants servent à
retirer de petits objets en fer
des amas d'autres matières
où ils se trouvent confondus;
À reconnaître la présence du
fer dans les minerais;
À lever des plans;
À diriger le navigateur en
lui indiquant approximativement
les points cardinaux.

Magnétisme et Boussole.

Le mot Magnétisme désigne deux
choses qu'il ne faut pas confondre :

l'une appelée proprement le magnétisme, l'autre le magnétisme animal.

On définit le Magnétisme, la propriété générale qu'a l'aimant d'attirer le fer et quelques autres substances. Par extension, on applique aussi ce mot à la grande action que la terre, comme un puissant aimant, exerce sur l'aiguille de la Boussole. Cette propriété de l'aimant est due à l'existence de deux fluides magnétiques contraires, désignés sous les noms de fluide austral et de fluide boréal. Les physiciens ont reconnu que les fluides de même nom se repoussent, et que les fluides de nom contraire s'attirent. Voilà pourquoi l'extrémité de l'aiguille aimantée, douée du fluide austral, se tourne toujours vers le pole Nord, et *vice versa*. La boussole, que nous avons nommée plus haut, est sans contredit la plus utile application qu'on ait faite du magnétisme. C'est une petite boîte dans laquelle est disposée une aiguille aimantée avec soin, et qui se meut librement et horizontalement sur un pivot d'acier. Comme cette aiguille a pour propriété générale de se tourner vers le nord, ses variations et ses mouvements étudiés avec soin et notés avec exactitude rendent des services incalculables aux navigateurs perdus dans l'immensité des mers. Pline attribue la découverte de l'aimant à un pâtre qu'il ne nomme pas ; mais il peut b[illegible] aucun peuple ne paraît s'être servi de la boussole avant le 12e siècle. Ce n'est même qu'en 1302 que Flavio Gioïa, bourgeois d'Amalfi, au royaume de Naples, la perfectionna au point où nous l'avons aujourd'hui.

Qu'est-ce que le magnétisme animal ? C'est, disent les adeptes, un fluide universel, cause première de tous les phénomènes et dont l'homme peut changer les mouvements, augmenter ou diminuer la quantité dans d'autres individus. Ce fut Mesmer, docteur allemand, qui, en 1778, importa à Paris ce mystérieux moyen de guérir les maladies. Il fit beaucoup de partisans, d'autres disent de dupes. Bref, depuis cette époque, mais surtout depuis une trentaine d'années,

m. on ne parle que de magnétisme et de magnétiseurs. Ceux-ci, par l'influence de leurs opérations, sont amenés en quelques minutes à un sommeil, ou plutôt à un somnambulisme plus ou moins lucide; alors, tout endormis, ils parlent pertinemment, dit-on, devinent certaines choses, jouent aux cartes, lisent des lettres fermées, décrivent les objets à d'énormes distances, indiquent la cause, le siège et les remèdes de leurs propres maladies et de celles des autres, etc. Mais par une commission scientifique en 1784, approuvés par l'académie de Médecine en 1831, mais rejetés par celle de 1842, les doctrines et les faits magnétiques rencontrent aujourd'hui autant d'incrédules que des partisans. De sorte qu'on est encore à se demander sérieusement : Qu'est-ce que le magnétisme animal ?

Chemins de Fer.

On appelle chemins de fer des routes garnies dans toute leur longueur de deux fortes bandes parallèles qu'on nomme rails, mot anglais qui signifie ornière. Les voitures destinées à parcourir ces routes portent le nom de Wagons, autre mot anglais qui veut dire chariot. Sur un wagon particulier, appelé locomotive, se trouve fixée & ajustée avec tous ses appareil, une machine à vapeur faite exprès pour donner le mouvement aux convois des chemins de fer.

Les roues de la locomotive & celles des wagons portent juste sur les rails, en arrières saillantes, & s'y trouvent fixées solidement par une rainure profonde qui emboîte les rails.

Une seule locomotive peut emporter à sa suite, avec la rapidité presque incroyable de 40 à 60 kilomètres à l'heure, une longue file de wagons chargés de voyageurs ou de marchandises.

Les chemins de fer, comme toutes les grandes créations industrielles, ont eu un commencement très-simple & très-imparfait en comparaison de ce qu'ils sont aujourd'hui.

Les Anciens, pour faciliter le transport des marchandises & soulager leurs attelages de bœufs ou de chevaux pratiquaient dans les routes des lignes ou ornières plates en pierres dures, sur lesquelles portaient les roues de leurs chars. Vers l'an 1630, les Anglais firent, pour les houillières, de semblables ornières en bois, en fixant sur la terre parallèlement deux lignes de madriers. Ce chemin de bois, en diminuant la résistance du sol, doublait la force animale : c'est-à-dire que sur ces madriers un cheval pouvait conduire autant que deux sur un chemin ordinaire. Bientôt on appliqua des bandes de fer sur les madriers, et on commença à les appeler chemins de fer. L'an 1767, on remplaça les madriers par des ornières saillantes d'abord en fonte, puis en fer malléable. Ce fut encore une grande économie de forces : un cheval pouvait conduire sur cette voie de fer autant que sept autres sur une voie ordinaire.

A cette époque, la puissance motrice de la machine à vapeur faisait un grand bruit dans le monde, il était naturel que l'on songeât à la substituer sur les chemins de fer à la force animale, si limitée & si lente en comparaison de celle de la vapeur. Les premiers essais datent de 1770 & sont dus à un français nommé Cugnot. Ce ne fut cependant qu'en 1804, sur un chemin de fer de Newcastle, que l'on vit fonctionner régulièrement les premières locomotives, & encore étaient-elles bien loin de la perfection qu'elles ont aujourd'hui.

La France n'a pas été la première des nations à construire des chemins de fer. Un certain nombre de bons esprits craignaient qu'ils ne produisissent une malheureuse centralisation de commerce & de fortune dans la capitale. Depuis quelques années, nous avons pris l'essor : déjà notre capitale touche à la mer & aux frontières du Nord par le chemin du Havre, de Boulogne & de Lille. Une journée de soleil suffit pour aller de Paris à Londres & à Bruxelles.

Bientôt on verra des voyageurs s'envoler sur ces ailes de feu & de fumée de Paris à Lyon, à Bordeaux, à Toulouse, & y arriver presque aussitôt que les dépêches télégraphiques.

Verre.

On appelle verre toute substance qui, après avoir été en fusion et s'être refroidie, se trouve solide, compacte, brillante, cassante et d'une transparence plus ou moins grande. Il y a différentes sortes de verres : les verres de vitres, les verres de bouteilles, les verres de gobeletteries et les cristaux.

Le verre est une des plus utiles et des plus belles inventions de l'industrie humaine; il sert aux pauvres et aux riches, dans la chaumière comme dans le palais; il préserve des intempéries de l'air et laisse passer la douce et bienfaisante lumière comme si rien ne l'interrompait; il nous donne une grande variété de vases de table, à prix très modiques, que la transparence rend très agréables, et dont la propreté ne le cède presque rien à celle des vases d'or et d'argent; il orne les salons de magnifiques glaces et de cristaux qui font resplendir la lumière des lampes; il soulage et fortifie notre vue, et nous donne le moyen d'étendre de nos regards scrutateurs à des distances presque infinies.

Pour faire le verre il ne faut ni diamant ni topaze, ni or, ni argent; sa matière première comme celle de toutes les choses utiles à tous, est très-commune.

Pour 100 Kilog. de verre à vitres, il ne faut que

75 Kilog. sable sec lavé,
37,5 Kilog. sulfate de soude,
10,50 Kilog. chaux délitée (ou pulvérisée).

On y ajoute ordinairement du groisil ou verre cassé que l'on achète à très bas prix.

Dans le verre à bouteilles le sable est remplacé par des argiles choisis; la dose de chaux est augmentée, celle de sulfate de soude diminuée.

Le verre de gobeletterie est à bases de potasse et de soude. Le cristal se fait avec sable, minium et potasse. Le flint-glass est un cristal dont on fait les verres-objectifs des lunettes, les gobelets en cristal, les ornements des lustres &c. Les bases sont également le sable, le minium et la potasse, mais la composition en est différente.

Les matières qui doivent entrer dans la composition du verre étant préparées, pesées et mêlées avec grand soin, on les introduit dans le four peu à peu ; lorsqu'elles sont à peu près fondues, avant que la vitrification soit complète, on agite le verre avec une barre de fer, afin de mêler intimement tous les points de la masse. Ces matières, parfaitement mêlées et entièrement fondues par un feu très-ardent, ne font plus qu'une substance flexible, molle, pâteuse, susceptible de prendre une multitude presque infinie de formes différentes. Pour donner les formes, on emploie le coulage, le soufflage et le moulage.

L'histoire ne nous apprend rien de certain sur l'invention du verre. Son origine remonte presque à celle du monde. Les livres de Moïse et de Job en parlent comme d'une chose commune. On le trouve aussi dans les écrits d'Aristote, de Lucrèce et de Pline. On croit que les Égyptiens furent le premier peuple qui travailla le verre ; il paraît que d'Égypte il passa en Grèce, puis en Italie, d'où il se répandit dans le reste de l'Europe. Ce ne fut qu'aux premiers siècles de l'ère chrétienne que l'on se servit de verre pour clore les fenêtres.

Au XI.e siècle on commença à peindre sur verre, et cet art, après avoir été jusqu'à la fin du XV.e dans toute sa splendeur, dégénéra et se perdit presque entièrement. Aujourd'hui on travaille beaucoup à le relever. Déjà quelques Églises sont ornées de magnifiques vitraux qui ne le cèdent guère aux anciens pour la beauté des dessins et la richesse des couleurs.

Télégraphe.

Le mot télégraphe veut dire écrire de loin. C'est un appareil établi de distance en distance sur des points élevés, destinés à transmettre au gouvernement par des signaux convenus des nouvelles urgentes.

C'est des frères Chappe, nés dans le Maine, que nous tenons notre système actuel de télégraphie. La correspondance par signaux était connue des anciens; mais ce qui distingue nos télégraphes d'aujourd'hui, c'est que par leur combinaison ils forment les caractères d'un langage complet, et permettent d'annoncer des nouvelles bien précises.

Pour donner une idée de la vitesse des transmissions par cette voie, nous dirons qu'une nouvelle parvient de Calais à Paris (68 lieues) en trois minutes, de Brest à Paris (144 lieues) en huit minutes.

Mais outre le télégraphe de MM. Chappe dont nous venons de parler, il en existe un autre bien plus admirable : c'est le télégraphe électrique.

Voici d'abord ce qu'est que le télégraphe électrique réduit à son dernier degré de simplicité. Une double bobine recouverte d'un fil très fin, et dont la longueur est proportionnée à la distance que les dépêches doivent parcourir, armé d'un petit morceau de fer recuit ou non trempé, se meut circulairement au dessus d'un aimant permanent, et devient la source d'un électromagnétisme.

Un cadran placé sur cette bobine porte les lettres ou les signaux conventionnels quelconques; l'opérateur amène avec le doigt la lettre ou le signal qu'il veut montrer à distance. Aussitôt, et avec une vitesse qui ferait faire à un mobile trois fois le tour du monde dans une seconde, ce signe est reproduit sur les deux cadrans indicateurs de la station de départ et de celle d'arrivée, à quelque distance qu'elles soient. Voilà toute la manœuvre; un enfant, un ouvrier peu intelligent peuvent l'exécuter, et la dépêche, courte ou étendue, sera transmise dans un intervalle de temps que l'on peut comparer à celui qui serait nécessaire pour l'épeler ou l'écrire à la main en caractères un peu gros.

L'immortel Volta découvrit en 1800 le courant électrique, et créa de la sorte une force nouvelle, une puissance jusque là inconnue. Oersted mit en évidence les effets dynamiques de cet agent mys-

-téreux, en constatant la déviation qu'il imprime à l'aiguille aimantée. Mr Arago la transforma et lui ouvrit comme des issues nouvelles en révélant ses merveilleux effets d'aimantation permanente ou transitoire.

Mr Wheatstone prouva que les effets de cette force se transmettent dans un instant indivisible à des distances très considérables.....

Désormais l'imagination la plus active s'exercerait vainement de prévoir et d'énumérer les résultats merveilleux et inattendus que la science et l'industrie réaliseront dans un avenir prochain.

Thermomètre.

Dès l'origine du monde, les hommes ont mesuré le temps et les distances, parce qu'ils avaient des unités naturelles: pour le temps, ils prenaient le jour, les saisons, les années; pour les distances, ils comptaient les pas, ou bien ils mesuraient par leurs coudées et leurs palmes.

Les besoins de la vie et les rapports des hommes entre eux s'étant multipliés, il fallût imaginer des calculs: de là cette multitude d'admirables instruments pour perfectionner la mesure du temps et des espaces, pour créer la mesure des forces et apprécier exactement les différents degrés de sécheresse et de chaleur. Parmi les plus ingénieux et les plus utiles instruments mesureurs il faut compter celui qui compasse, avec exactitude, les degrés de chaleur ou la quantité de calorique. Son nom, thermomètre, composé de deux mots grecs, chaleur et mesure, exprime parfaitement son usage. On ne sait pas avec certitude qui en est l'inventeur. Les Italiens en défèrent l'honneur à Galilée, astronome Pisan, qui vivait au XVIe siècle ; les Allemands l'attribuent à Van-Drebbel, Hollandais. Le Français Réaumur l'a perfectionné. Pour se rendre compte de ce compas de chaleur et de froid, il faut savoir que la chaleur raréfie ou étend les corps, que le froid les condense ou les rétrécit ; que la raréfaction et la condensation sont plus fortes et plus régulières dans certains corps. Le mercure et l'esprit de vin se dilatant et se condensant à la moindre variation de la température devaient être choisis pour en mesurer les divers degrés. Le difficile était de trouver des points de comparaison.

Après un grand nombre de tâtonnements on y parvint par des procédés aussi simples qu'ingénieux. Voici comment on a fait et comment on fait encore aujourd'hui les thermomètres :

On se procure un tube dont le diamètre intérieur soit très uniforme et très fin, puis on souffle à la lampe d'émailleur une boule à l'une de ses extrémités. On chauffe la boule pour dilater l'air qu'elle renferme, et l'on plonge l'extrémité ouverte du tube dans un vase contenant du mercure chaud. A mesure que la boule se refroidit, le mercure monte dans l'intérieur du tube, arrive dans la boule et la remplit en partie. Alors on retire l'instrument, on tourne la boule en bas et on la chauffe de nouveau jusqu'à l'ébullition du mercure, qui se vaporise et dont la vapeur chasse l'air qui était resté dans le tube. Enfin on ôte subitement l'instrument du feu et l'on plonge aussitôt l'extrémité ouverte dans le mercure chaud : la boule se remplit en un instant ; mais on le laisse jusqu'à ce qu'il soit froid. Il faut que le sommet de la colonne de mercure dans le tube soit à dix ou onze centimètres au dessus du réservoir ou boule.

On ferme le tube par dessus après en avoir chassé l'air.

Pour graduer l'instrument, on plonge la boule et le tube jusqu'au sommet du mercure dans la glace fondante, on marque sur le tube l'endroit précis où la colonne reste stationnaire : ce point est le premier terme fixe de l'échelle. On plonge ensuite la boule et le tube dans l'eau bouillante, et l'on marque d'un nouveau trait l'endroit où s'arrête le sommet de la colonne : c'est le deuxième terme fixe de l'échelle. L'intervalle compris entre les deux points fixes, eau bouillante et glace fondante, se divise en 100 parties égales, de manière que zéro se trouve à la glace fondante. Au dessous de zéro on porte des parties égales à celles qui sont au dessus. Ces dernières parties indiquent l'état de la température au dessous de la glace fondante, c'est-à-dire lorsqu'il gèle.

Le thermomètre ainsi gradué se nomme thermomètre centigrade, c'est à dire à cent degrés. C'est celui qui est le plus en usage en France ; cependant on se sert [illegible] de celui de Réaumur qui divise l'intervalle entre la glace fondante et l'eau bouillante en 80 degrés. Pour convertir les degrés centigrades en degrés de Réaumur, il faut les multiplier par 4/5. Pour convertir les Réaumur en centigrades, il faut les multiplier par 5/4.

Par le moyen du thermomètre on donne la température la plus convenable aux chambres des malades, aux orangeries, aux serres, aux magnaneries c'est-à-dire aux appartements où l'on élève les vers à soie. Son usage est très fréquent dans les arts. Il est indispensable pour certaines expériences de physique et de chimie.

Électricité.

On savait déjà depuis bien des siècles que l'ambre jaune ou succin, étant frotté avec de la laine, acquiert la singulière propriété d'attirer les brins de paille. Les philosophes Grecs Thalès, Platon et Épicure

avaient essayé d'expliquer ce phéno-
-mène ; saint Jérome en fait aussi mention dans ses écrits. Mais ce ne fut qu'au XVIe siècle qu'un Anglais nommé Gilbert reconnut que des cylindres de verre, de résine, de gomme laque et généralement de toutes matières vitrées ou résineuses peuvent acquérir, comme l'ambre jaune, la propriété d'attirer les brins de paille, et même toutes sortes de corps légers.

Au XVIIe siècle, Otto de Guericke de Magdebourg, l'inventeur de la machine pneumatique, au lieu de cylindres, se servant d'un globe de soufre, qu'il faisait tourner rapidement sur un axe de bois, remarqua que les corps légers en étaient plus vivement attirés et ensuite repoussés, puis de nouveau attirés et de nouveau repoussés. Son globe devenait même lumineux dans l'obscurité ; c'est lui qui, le premier, vit l'étincelle électrique.

En 1727, Étienne Gray, physicien Anglais, après avoir électrisé un tube de verre ouvert, trouva qu'il communiquait la même propriété au liège dont il se servait pour boucher le tube, à des tiges de métal, à des cordes de chanvre, etc., qu'il y adoptait, et qu'il ne la communiquait par au verre, à la soie, aux résines, etc. Il y a donc des corps *conducteurs* et des corps *non conducteurs* de l'électricité.

Si l'on approche d'un tube de verre, frotté avec un morceau de drap, deux balles de sureau suspendues chacune à un fil de soie on remarque qu'elles se repoussent. Le même phénomène se manifeste à l'égard de deux balles de sureau qui ont été en contact avec un bâton de résine frotté avec une peau de chat. Au contraire, l'une des premières et l'une des dernières mises en présence, s'attirent mutuellement. L'électricité du verre et celle de la résine sont donc différentes. La première est appelée *électricité vitrée* et la seconde *électricité résineuse*. L'électricité des autres corps est ou vitrée ou résineuse. Cette belle découverte des deux électricités a été faite en 1733 par Dufay, physicien français.

Grand nombre d'expériences ont fait voir qu'un même corps, suivant le frottoir qu'on emploie, peut prendre l'une ou l'autre électricité. Les corps de la nature sont donc susceptibles des deux électricités; on admet même qu'ils les possèdent en quantités égales et que les effets de l'une sont neutralisés par les effets de l'autre, et donnent lieu, par leur combinaison, à ce que l'on appelle *électricité naturelle* ou *fluide neutre*.

L'appareil connu sous le nom de machine électrique, et dont l'invention est due à

Van Marum, physicien hollandais, sert à accumuler une grande quantité d'électricité ; il se compose d'un corps frottant, d'un corps frotté et d'un conducteur isolé.

Le corps frottant consiste ordinairement en quatre coussinets élastiques rembourrés de crin. Le corps frotté est un plateau circulaire de verre, mis en mouvement au moyen d'une manivelle. Le conducteur isolé, c'est en général un système de cylindres creux de laiton, terminés par des surfaces sphériques ou arrondies, et supportés par des colonnes de verre.

On fait avec la machine électrique une foule d'expériences curieuses ; en voici quelques-unes. 1° Lorsqu'on présente le doigt au conducteur, on voit jaillir une vive étincelle qui paraît s'élancer sur la main ; 2° Si une personne monte sur un tabouret à pieds de verre ou sur un gâteau de résine, et qu'elle touche le conducteur de la machine en activité, ses cheveux se hérissent, et, dans l'obscurité, ils laissent échapper des aigrettes lumineuses ; du reste, on peut tirer de toutes les parties de son corps de belles et longues étincelles, comme du conducteur ordinaire; 3° l'étincelle électrique enflamme l'éther et même l'esprit de vin; elle peut aussi rallumer une chandelle que l'on vient d'éteindre. 4° si l'on place de petits bons-hommes de moëlle de sureau ou de liège entre deux plateaux de métal, dont l'un communique avec le sol et l'autre avec le conducteur de la machine, ils iront alternativement du plateau inférieur au plateau supérieur: tous ces mouvements ressemblent à une sorte de danse; on connaît en effet cette expérience sous le nom de danse des pantins.

Que de choses nous aurions à dire si nous voulions parler des mille et une merveilles que l'électricité enfante, des prodigieux effets de chaleur et de lumière auxquels donnent lieu les puissantes machines électriques dues au génie des savants! et pourtant, si prodigieux que soient ses effets, que sont-ils auprès de la foudre, ce terrible élément qui brise, dédire, enflamme et pulvérise les corps au milieu desquels il se forme? Rien ou presque rien. L'éclair qui précède le bruit du tonnerre est une monstrueuse étincelle électrique qui jaillit entre deux nuages chargés d'électricités différentes, ou bien entre un nuage et le sol; il a quelquefois plus d'une lieue de long. Quant au bruit du tonnerre, on ose le comparer au craquement qui accompagne l'étincelle électrique d'une machine ordinaire; il est dû à l'ébranlement de l'air, et la détonation qui en résulte est répétée et augmentée par les échos des nuages, ce qui forme le roulement du tonnerre.

Vapeur.

Les liquides exposés à l'air diminuent peu à peu de volume, et après un temps plus ou moins long, ils disparaissent tout à fait; ainsi l'eau qui couvre la terre après les pluies ne résiste pas au souffle d'un vent sec ou à l'action prolongée du Soleil; et ce n'est pas seulement par l'infiltration, mais parce qu'elle s'exhale dans les airs. Chacun peut en faire l'expérience en exposant à l'air ou au Soleil un vase rempli d'eau. Après quelques jours l'eau aura disparu; il ne restera au fond du vase que les corps étrangers mêlés au volume [illegible] eau se répand dans l'air toutes les fois que l'eau est plus chaude que l'air, c'est ce qu'on appelle évaporation; si l'air est chaud et sec la vapeur est invisible.

sumis si l'air est froid et déjà chargé d'humidité la vapeur est très apparente. Lorsqu'on fait bouillir l'eau, elle passe bien plus vite de l'état liquide à celui de fluide élastique. C'est ce qu'on nomme vaporisation.

L'eau réduite en vapeur occupe un espace beaucoup plus grand que son volume à l'état liquide. Diverses expériences ont démontré qu'en poussant la chaleur jusqu'au plus haut degré, la vapeur peut devenir 14,000 fois plus volumineuse que l'eau qui la produit. Si cette vapeur est retenue et comprimée par un corps résistant qui l'empêche de se développer dans l'air, elle acquiert alors en élasticité et en force tous ce qu'elle aurait pris en étendue s'elle eût été libre : c'est là l'explication de la puissance de la vapeur employée aujourd'hui comme force motrice.

La force de la vapeur d'eau n'est pas une découverte moderne, les recherches des savants prouvent que cette force a été connue même avant l'ère chrétienne. Les Grecs et les Romains attribuaient à la vaporisation subite d'une grande masse d'eau les détonations et les commotions souterraines qui parfois ébranlent la terre jusqu'à une certaine profondeur. Héron d'Alexandrie, qui vivait plus d'un siècle avant Jésus-Christ, avait su, au moyen de la vapeur imprimer un mouvement de rotation à une espèce de jouet nommé éolipyle.

Dans la Germanie, sur les bords du Weser, les prêtres des anciens Teutons employaient la vapeur d'eau pour épouvanter le peuple; quelquefois, au milieu des cérémonies religieuses, la Statue de leur Dieu Busterich s'enveloppait subitement d'un épais nuage de fumée avec un grand fracas et une détonation assez semblable à celle du tonnerre. La découverte toute récente de la Statue a donné l'explication du prétendu prodige; elle était creuse et renfermait une espèce d'appareil propre à chauffer l'eau et à la réduire en vapeur. Sous Henri IV Florence Rivault proposa de remplacer, pour la grosse artillerie, la poudre à canon par la vapeur d'eau. On ne peut donc attribuer la découverte de la force de la vapeur à aucun homme; mais, malgré les contestations que les jalousies nationales ont fait naître, on sait à qui revient l'honneur de l'invention des machines à vapeur.

En 1615, Salomon de Caus, né à Dieppe ou dans les environs, publia la description d'une véritable machine à vapeur. Il fut le premier qui imagina d'employer la force de la vapeur d'eau comme moteur des forces pour les grands travaux.

En 1663, le marquis de Worcester reproduisit dans un long ouvrage les premières idées de Salomon de Caus.

Un capitaine anglais, nommé Savery, construisit en 1698, sur le plan de Salomon de Caus et de Worcester, la première machine à vapeur; mais elle était si imparfaite qu'il ne put la faire adopter; elle ne lui servit qu'à distribuer de l'eau dans un jardin.

Denis Papin, né à Blois en 1665, posa en quelque sorte les véritables bases de la machine à vapeur; il étudia d'abord les phénomènes qui accompagnent et qui suivent la formation de la vapeur, et il comprit tout le parti que l'homme pouvait tirer d'un agent aussi souple, aussi puissant et aussi facile à créer. Dès lors il consacra sa vie à organiser un petit modèle de machine qui, mise en action par la vapeur, pût communiquer à une roue, à une manivelle un mouvement primitif, que le génie des ingénieurs transmettait ensuite à des appareils mécaniques de toute espèce. On trouve dans la machine de Papin les deux pièces constitutives de la machine à vapeur: le corps de la pompe et le piston. On peut donc regarder le Français Papin comme l'inventeur de la machine à vapeur.

En effet, environ 25 ans après la publication de son premier mémoire (1705) Newcomen et Cawley, ouvriers Anglais, construisirent à la Papin, sauf quelques modifications, une machine à vapeur qui réussit au delà de leurs espérances à l'épuisement d'une houillère.

Ce n'est qu'après les premiers succès d'une invention que la carrière est ouverte aux savants pour les perfectionnements et les applications en grand. Le succès de la machine de Newcomen et de Cawley, attira l'attention d'une multitude d'hommes, spéciaux et de génie distingués, qui la perfectionnèrent et en firent l'application aux grands travaux qui demandent une grande dépense de force.

Les deux merveilles de notre siècle qui ont étonné l'univers, le bateau à vapeur et les chemins de fer, feront époque dans les annales des inventions et des découvertes. Ce sont les plus savantes, les plus grandes et les plus hardies applications de la machine à vapeur. Sans doute il est beau de voir ces admirables machines faire mouvoir les mécanismes de nos grandes usines, tirer notre charbon des entrailles de la terre, scier notre bois de charpente et de menuiserie, etc., etc. mais il est encore plus merveilleux de considérer la puissance de leur action dans les chemins de fer et les bateaux à vapeur.

Bateaux à vapeur.

On appelle Bateau à vapeur, ou simplement Vapeur, un [illegible] Bateau dans lequel une Machine à vapeur Remplace les [illegible] les Rames

et les chevaux, et sur la
Mer les Rames et les voiles.

Vers le Milieu du
Bateau se trouve une
Machine à vapeur, dont
la solidité et la force
Motrice sont Proportionnées
à la grandeur du Bateau
et à la Résistance des
courants à traverser ou
à Remonter. Cette Machine
fait tourner une espèce
d'essieu en fer très solide,
appelé <u>arbre</u> ; aux extrémités
de l'arbre, en dehors du
Bateau, se trouvent deux
Roues à Palettes Recouvertes
par un tambour. L'arbre

tournant avec vitesse par
la force de la vapeur fait
tourner les Roues avec la
même Rapidité; les Palettes
frappent l'eau avec force
et font avancer le Bateau.
on peut obtenir une
vitesse d'environ 14 Kilomètres
à l'heure.

L'idée de faire Marcher les
navires contre vents et marées
par la seule force de la
vapeur, est due à Denis
Papin. ce Meme que la
machine à vapeur s'est
perfectionnée et que sa
force a été mieux connue,
on a fait des essais pour

l'appliquer à la navigation.
En 1775, l'académicien Périer fit paraître sur la Seine le premier bateau à vapeur; mais, faute de force, il ne put remonter la rivière.
En 1781, le marquis de Jouffroy fit de nombreux essais à Lyon, sur la Saône; forcé de s'expatrier, ses efforts restèrent sans succès.
en 1803, l'Américain Fulton lança dans la Seine deux bateaux à vapeur qui remontaient le fleuve. il proposa son invention au gouvernement français, qui ne l'accueillit

pas: Rebuté et découragé, Fulton quitta la france et alla demander à l'Amérique, son pays, l'appui et les encouragem^ts^ nécessaires au succès de son œuvre. Quatre ans après, le 3 octobre 1807, Fulton lançait un Bateau à Vapeur qui fit immédiatement un Service Régulier de New-york à Albany. En 1811 henri Bell, Anglais, construisit sur d'autres plans un Bateau à Vapeur qu'il nomma la Comète. depuis cette époque il s'est construit un nombre Prodigieux de Bateaux à Vapeur qui sillonnent en tous sens les Mers intérieures, les lacs, les fleuves et les grandes Rivières. Les uns Portent des dépêches, d'autres transportent des Marchandises, d'autres font un Service Régulier Pour le Passage des Voyageurs.

il ne Paraît pas que les Bateaux puissent jamais Remplacer la navigation de long Cours à voiles; cependant la Célérité et la Régularité de leur Marche, malgré les vents et les Marées, Procurent de très grands avantages à la haute Marine.

Microscope.

Le mot microscope signifie petit et voir. C'est un instrument qui grossit singulièrement les petits objets et en fait distinguer les moindres parties.

Le microscope considéré dans sa simplicité première, c'est-à-dire réduit à une seule lentille ou verre convexe, remonte à la plus haute antiquité; mais le microscope composé, ou ayant trois verres convexes au moins, a une origine beaucoup plus récente. On en attribue l'invention à un Hollandais nommé Cornélius Drebbel, vers la fin du XVIe siècle. Quelques auteurs font honneur de cette découverte à Galilée et à Zacharias Jansen, de Middelbourg en Zélande.

D'après les perfectionnements qu'il a reçus, cet instrument permet aujourd'hui un grossissement d'environ mille fois son diamètre distinctement.

Le microscope a fait faire de grandes découvertes dans l'histoire naturelle ; c'est tout un monde nouveau qui se dévoile à nos regards.

Admirons ici encore le génie de l'homme ; mais admirons surtout la grandeur et la puissance de Dieu, créateur de toutes choses, qui fait briller un rayon de sa gloire dans chacun des objets nouveaux que la science découvre au sein de ce vaste univers !

Télescope.

Le télescope rapproche considérablement les images des objets, et il les rend clairs et plus distincts. On doit, dit-on, l'invention de ce merveilleux instrument, non à la science ni à la nécessité, mais à une espèce d'amusement enfantin. Un jeune hollandais, nommé Jacques Métius, prenait plaisir à faire des miroirs et des verres brûlants. Un jour qu'il tenait dans une main un verre convexe et de l'autre un verre concave, il appliqua par badinage ou par une espèce de hasard le verre concave contre son œil, et avec l'autre main il fit, à une certaine distance, correspondre le verre convexe. Il s'aperçut alors que les objets sur lesquels sa vue portait paraissaient tout près de lui. Le coq du clocher du village lui semblait beaucoup plus gros et bien rapproché de son œil, il en remarquait bien mieux qu'auparavant toutes les formes.

L'enfant tout surpris appela son père. Frappé de cette singularité, le père s'imagina de lier ces verres entre eux par un tube, après avoir observé la distance qui produisait le plus d'effet.

Ainsi, dit-on, fut composée, vers l'an 1609, la première lunette d'approche.

Le philosophe Galilée, déjà célèbre par plusieurs inventions importantes, ayant entendu parler des lunettes de l'enfant hollandais, qui faisaient paraître tout proches des objets très éloignés, se mit à chercher comment la chose pouvait être possible d'après la marche des rayons lumineux dans des verres de différentes formes. Après une suite d'essais il parvint à produire l'effet désiré.

Galilée perfectionna son instrument, et le mit en état d'être dirigé vers les astres. Il vit alors ce que jusque là nul mortel n'avait vu. Tout un monde nouveau et inconnu se présente à ses regards étonnés.

Les astronomes, sentant le prix d'un instrument qui rapproche les cieux, s'exercèrent à le perfectionner.

Jean Kepler et Christian huighens y firent successivement plusieurs changements avantageux. Le Père Mersenne, religieux minime, imagina le télescope à réflexion. Trop pauvre pour l'exécuter, il communiqua ses savantes combinaisons au célèbre Newton, qui passe pour en être l'inventeur.

Ce nouveau télescope effaça tous les précédents. Peu après, l'astronome William Herschell employa quatre années à construire un télescope énorme, long de 12 mètres. Avec le secours de cet instrument il fit d'importantes découvertes dans les cieux.

entr'autres le sixième Satellite de Saturne et la planète dite Uranus.

De nos jours les savants au moyen de cet instrument perfectionné poursuivent la recherche des mondes lointains dans les espaces incommensurables où nos yeux se perdent.

Heureux si en contemplant les grandeurs presque infinies de la création, ils reconnaissent et adorent celui qui à produit d'une seule parole, et leur esprit contemplatif, et les merveilles qu'ils contemplent. —

Vers à soie.

La plus belle, la plus riche et la plus fine des étoffes, l'étoffe de soie, nous vient d'un insecte fort laid, appelé ver à soie, dont la durée de la vie, quoiqu'elle n'atteigne pas deux mois, se divise en 4 métamorphoses fort singulières. Le ver est d'abord dans l'état d'œuf; les chaleurs le font éclore sous la forme d'une chenille qui grossit peu à peu et change trois ou quatre fois de peau. Cette chenille au bout de 25 à 30 jours, parvient à sa grosseur, cesse de manger et se vide de ses excréments; elle se file un cocon dans lequel elle s'enferme, se mettant à l'abri des impressions extérieures pour se convertir en chrysalide ou nymphe, sorte de mort apparente pendant laquelle l'insecte est comme emmailloté et privé de mouvement. Après une quinzaine, il brise son enveloppe et apparaît au dehors armé de quatre ailes, d'antennes et de pattes. Le voilà un véritable papillon appelé Bombyce; mais il donne ses œufs et la mort termine son existence. Les œufs ou graines de vers à soie sont revêtus d'une liqueur qui les colle au linge ou papier sur lequel la mère les a déposés. On les détache en les plongeant dans l'eau, puis on les fait sécher. On les conserve dans un lieu sec qui n'ait pas assez de chaleur pour les faire éclore. Au printemps on les met dans un endroit frais jusqu'au moment de les tirer pour les faire éclore tous ensemble par une température convenable. Aussitôt que les œufs se sont convertis en petits vers, on leur donne à manger des feuilles de mûrier; après une trentaine de jours, le ver jette de la bave, espèce de soie moins parfaite que celle du cocon; et puis au [illegible] cette larve et commence le cocon lui-même, qu'il termine en trois jours et demi. La soie sort d'une filière qui se trouve au dessus de la bouche du ver, elle est à l'état liquide, mais elle se solidifie en recevant l'impression de l'air. Trois à quatre jours suffisent à cet insecte pour faire 500 mètres de soie.

La culture des vers à soie remonte à la plus haute antiquité mais seulement dans le pays des Sères ou Chinois et dans l'Inde.

1078 ans avant Jésus Christ, l'Empereur Kang-Vang y fit de grandes plantations de mûriers. Ce ne fut que vers la fin du 3e siècle de l'ère chrétienne que l'Europe commença à cultiver cette belle industrie; elle fut apportée de l'Inde par des moines qui en établirent la première manufacture à Constantinople, elle passa de là dans toute la Grèce, puis dans toute l'Italie et dans l'Espagne.

En 1470, des manufactures de soie furent établies à Tours par Louis 11, mais les ouvriers qu'on employait venaient de l'Italie et même de la Grèce. Henri IV établit des manufactures de soie au château des Tuileries et à celui de Madrid près de Paris. Ce bon Prince fut aussi le fondateur des manufactures de soie de Lyon; il fit planter des mûriers blancs et élever des vers à soie dans les environs de Lyon. Depuis lors la ville de Lyon a porté la fabrication des étoffes de soie à une perfection qu'aucune Ville du monde n'a jamais pu atteindre.

Aréomètre.

L'Aréomètre est un instrument qui sert principalement à mesurer la densité des liquides et des solides, ce mot est dérivé de deux mots gues, dont l'un signifie subtil, et l'autre mesure. La construction de l'aréomètre varie suivant l'usage que l'on veut en faire ou le désigne sous le nom de pèse-liqueurs, de pèse-acide, pèse sel, pèse-lait &c. Il est construit d'après le principe que découvrit Archimède : Qu'un corps s'enfonce dans un fluide jusqu'à ce que le poids du fluide déplacé soit égal au poids du corps, d'où il résulte que plus un fluide est dense, plus la partie déplacée par l'introduction de l'Aréomètre sera d'un petit volume que par conséquent l'aréomètre doit s'enfoncer moins en proportion de la densité du liquide, ainsi il déplace moins d'eau que de vin moins de vin que d'eau de vie, moins d'eau de vie que d'huile, de lait &c.

L'Aréomètre se compose d'un tube de verre long, cylindrique et d'un petit diamètre, lequel se termine par le bas en une petite boule creuse qu'on remplit de plomb ou de mercure en assez grande quantité pour que l'instrument abandonné à lui même se trouve toujours debout quand il est plongé dans un liquide quelconque ; il est hermétiquement fermé.

Le tube est divisé en degrés, et le poids du fluide s'estime par le plus ou le moins de profondeur à laquelle descend l'instrument, le fluide où l'Aréomètre descend le plus, est évidemment le plus léger. Cet instrument est très ancien, on le trouve décrit dans un poëme composé au VIe siècle de l'Ere chrétienne.

Lunettes

Lunettes.

On a beaucoup écrit sur les bésicles ou lunettes à lire; plus de trente auteurs sont entrés dans la lice, et qu'est-il résulté de leurs savantes dissertations? qu'on ne sait plus au juste à qui attribuer l'invention de cet instrument ami de la vue de l'homme. Les anciens n'avaient aucun moyen de corriger la myopie ou vue courte, la presbytie ou vue longue, et le strabisme ou vue louche; tout au plus si les gens à vue faible essayaient de suppléer au mauvais état de leurs yeux, en regardant à travers de petits trous. Les objets se trouvant ainsi isolés, paraissaient beaucoup plus nets; le célèbre Ptolomée n'avait sans doute pas d'autres secours pour ses observations astronomiques. Cependant les Romains n'ignoraient pas tout à fait l'art de l'opticien; on rapporte qu'ils taillaient quelquefois les émeraudes en forme de verres concaves pour aider la vue; on dit même que Néron regardait les combats des Gladiateurs avec un lorgnon de cette espèce.

Quoi qu'il en soit, les lunettes, proprement dites, paraissent n'avoir été réellement trouvées qu'en 1292, par un physicien de Florence, nommé Salvino Degli Armati. Il en fit d'abord mystère; mais Alexandre di Spina, Dominicain du Couvent de Ste Catherine de Pise, ayant entendu parler de son secret, finit par le deviner et par le publier. C'est ce qui explique comment la découverte est attribuée tantôt à l'un, tantôt à l'autre.

Les lunettes furent toujours en honneur en France, surtout pendant le XVIIIe siècle où quelques villages du département de l'Oise en expédiaient, à eux seuls, de 8 à 900,000 paires par an. Mais cela est peu de chose auprès de la passion, de la fureur que ce petit instrument leur était autrefois en Espagne et à Venise. Pour se donner un air de profonde sagesse, un ton d'expérience consommée, toutes les personnes un peu considérables portaient lunettes. Marie Louise, femme de Charles II, se voyant entourée de tous ces gens à lunettes qui l'épluchaient des pieds à la tête, dit un jour à un gentilhomme français : « Ne dirait-on pas que ces messieurs me prennent pour une vieille chronique dont ils veulent déchiffrer jusqu'aux points et aux virgules ? »

Pavage.

Le pavage des rues dans les villes est très ancien ; cependant, excepté Rome et Cordoue qui étaient pavées au IXe siècle, presque aucune ville d'aujourd'hui ne connaissait cette importante amélioration ; Paris même, une des villes qui fut pavée des premières, ne le fut qu'au XIIe siècle.

On raconte qu'à cette époque Philippe Auguste, étant un jour aux fenêtres de son palais, et ayant remarqué que la boue soulevée par les tombereaux exhalait une odeur infecte, résolut d'y remédier en ordonnant que les rues seraient désormais pavées.

Le reste de la ville ne le fut que longtemps après aux frais des bourgeois.

Depuis quelques années on applique dans le pavage l'asphalte et le bitume.

Il n'est rien en Europe qui puisse se comparer pour l'élégance et la symétrie au dallage d'asphalte et de bitume du magnifique square des Champs-Élysées à Paris.

Café.

On dit que le Café fut remarqué pour la première fois par un Berger arabe, qui s'aperçut que son troupeau était dans une hilarité et une agitation particulière quand il avait brouté des baies de cafier. L'usage de torréfier (brûler) les graines est sans doute de beaucoup postérieur à cette découverte; cette torréfaction y développe un arome et une huile qui lui donnent seuls le goût que nous lui connaissons. Vers 1500, le Café était en usage comme boisson sur les bords de la mer Rouge.

Un peu plus tard l'usage s'en répandit en Turquie après avoir été comme boisson pernicieuse, condamné par plusieurs Sultans. En 1691, les Hollandais en transportèrent plusieurs plants de Moka à Java et à Batavia, et en 1707, à Amsterdam, et en 1714, le Bourgmestre Régent de cette ville, en offrit deux boutures à Louis XIV. Elles furent plantées au Jardin du Roi, et réussirent très bien. A peu près à la même époque, on l'introduisit à la Guadeloupe, à Saint-Domingue, à l'île Bourbon, où l'on trouva alors des Cafiers sauvages, enfin à la Martinique, où Des Clieux, Lieutenant du Roi apporta deux plants qu'il avait réussi à conserver pendant une longue et pénible traversée. L'eau étant venue à manquer sur le navire, il partagea avec ses cafiers la quantité d'eau qui lui était donnée chaque jour comme au reste de l'équipage.

Le premier Café est celui de Moka puis celui de l'île de la Réunion et de la Jamaïque.

Moulins.

Il serait impossible de préciser l'époque à laquelle les hommes ont commencé à réduire le blé en farine; il est probable néanmoins qu'ils l'ont fait dès avant le déluge. On suppose qu'ils se contentaient alors de broyer le grain entre deux cailloux, comme font encore certains peuples sauvages; mais on ignore absolument quand ils ont imaginé de substituer à ce grossier procédé l'usage des meules de pierre. Tout ce que nous savons, c'est que dès le temps d'Abraham, l'Égypte avait quelques connaissances des moulins à farine. En quoi consistait leur mécanisme? L'histoire ne le dit point; on peut seulement conjecturer que ces moulins étaient mus par des chevaux, ou même par des esclaves.

Les Grecs, qui se nourrissaient de glands, avant que Cécrops, fondateur d'Athènes, en 1643 avant Jésus-Christ leur eût enseigné l'agriculture; les Grecs, dis-je, attribuaient l'invention des meules à Mylès, deuxième Roi de Sparte; peut-être que ce prince n'avait fait que leur en enseigner l'usage.

L'art de faire la farine et le pain fut longtemps négligé par les austères Romains; ce ne fut que 170 ans avant l'ère Chrétienne que l'Asie leur envoya les premiers Boulangers de profession qu'ils aient eus. Et pourtant c'est à eux que l'on doit les moulins à eau, qui sont mentionnés et décrits pour la 1ère fois par le célèbre Vitruve, au commencement du règne de l'Empereur Auguste. C'est aussi près des murs de Rome, dans les eaux du Tibre, que Bélisaire, pressé par les Ostrogoths, fit établir les premiers Moulins à bateau dont l'histoire fait mention. Enfin les Dijonnais se vantent d'avoir possédé les premiers moulins à eau de France; en effet, dès l'an 550, Grégoire de Tours en mentionne plusieurs, qui, dit-il, étaient mis en mouvement avec une merveilleuse vitesse par les eaux du fleuve.

Les moulins à vent sont beaucoup plus récents, du moins en Europe; on en fait honneur aux Arabes, qui paraissaient les avoir connus dès le commencement du 7e siècle. Ce furent les Croisés qui les introduisirent en Europe. On croit généralement que le premier qu'on ait vu en France est celui que mentionne, en l'an 1105, le cartulaire d'une petite abbaye de Normandie.

Monnaies.

Les achats et les ventes, c'est-à-dire les transactions commerciales ne se sont pas toujours faites par le moyen des monnaies. La voie des échanges fut d'abord employée, puis on prit alors des métaux dont la rareté, la dureté et l'éclat combinés avec leur poids déterminèrent la valeur. Mais il ne serait guère possible de fixer à quelle époque on commença d'attribuer à ces métaux la qualité de signe représentatif. On pourrait conclure d'un passage de la Genèse que les Egyptiens furent les premiers qui connurent l'usage des monnaies, lorsqu'elle rapporte qu'Abimelech donna mille pièces d'argent à Sara, et qu'Abraham donna quatre cents sicles aux enfants d'Ephron, pour l'achat d'un champ destiné au tombeau de son épouse. Quant aux premières pièces frappées, il paraît que l'invention est due aux Grecs, et que les premiers essais eurent lieu dans l'île d'Egine, environ 900 ans avant Jésus-Christ.

Les premières monnaies des Romains étaient de cuivre, de bois, de cuir et même de terre cuite. Pline dit que Servius Tullius fut le premier qui fit frapper de la monnaie d'airain, celle d'argent et on n'en frappa que du temps de la seconde guerre punique.

Le nom de monnaie vient probablement du temple de Junon-Monéta, où les Romains firent battre ces pièces de transaction. Pour frapper la monnaie on se servit d'un simple marteau, jusqu'au règne de Henri II. A cette époque, Aubry Olivier imagina un moulin à engins dont les produits méritèrent la préférence. Les descendants d'Aubry ayant perfectionné la machine, on parvint peu à peu au balancier dont on se sert aujourd'hui. Le balancier est une forte vis de pression surmontée de deux grands bras terminés par deux énormes masses en fer que des hommes mettent en mouvement. La vis appuie par un pied sur une machine servant de moule dans laquelle on place le métal qu'on veut monnayer. L'énorme pesanteur qu'obtient le balancier par l'impulsion qui lui est donnée, chasse la matière dans tous les sens, lui fait prendre la forme du moule ainsi que l'impression des figures et des lettres qu'elle porte.

L'or monnayé en France est composé de 9 parties d'or pur et d'un dixième de cuivre. Il en est de même de l'argent. Le billon est composé de 8 parties de cuivre et de 2 parties d'argent. Le franc pèse cinq grammes; la pièce d'or de 20 francs pèse six grammes et un peu plus de quarante-cinq centigrammes.

Gaz.

Ce n'est ordinairement qu'après bien des expériences et des tâtonnements qu'on arrive à reconnaître toute l'importance d'une découverte, à la compléter et à en tirer parti. L'hydrogène carboné employé à l'éclairage, le seul gaz dont nous ayons à nous occuper ait, en effet, une grande. Il y avait plus de cent ans que l'on connaissait la combustibilité du gaz provenant du bois et de la houille, qu'on s'occupait de leur production qu'on en décrivait les propriétés et les phénomènes, lorsque l'Ingénieur Lebon établit à Paris, en 1786, un appareil d'éclairage pour le gaz provenant de la distillation du bois, mais le bois fournissant beaucoup d'oxide de Carbone et un gaz hydrogène peu carboné, les effets obtenus étaient peu avantageux. L'Anglais Murdock fut le premier qui se servit du gaz de la houille, en 1792, pour éclairer sa maison; il établit des appareils sur une plus grande échelle pour divers établissements, en 1797 et 1798; et l'on peut dire, que c'est à dater de cette époque que l'éclairage au gaz a été adopté en Angleterre, où il était ainsi usité depuis longtemps, dans presque toutes les villes, lorsque Taylor importa ses procédés en France. Des usines à gaz s'établirent alors à Paris et ensuite dans les principales villes des Départements. Toutefois à l'exception de Paris où le nouveau mode d'éclairage a été presque partout substitué à l'ancien, ce n'est qu'avec une lenteur extrême que les becs de gaz remplacent les réverbères; Cela tient aux tâtonnements coûteux qu'a exigés l'exécution des appareils, à l'esprit de routine qui rend si difficile l'adoption d'un système d'éclairage entièrement différent de ceux employés jusqu'ici, et aussi à d'injustes préventions ou à des craintes fort exagérées.

Le gaz combustible s'extrait communément de la houille, mais on peut en obtenir aussi des lignites, des tourbes &c. et même de beaucoup de substances du règne organique, telles que les bois, les huiles, les résines. Il se produit par la distillation dans des cornues particulières, où il laisse des résidus, variant de nature et de proportion selon la substance employée, et d'où il sort mélangé à divers produits dont il faut le séparer. Le gaz hydrogène est plus ou moins carboné et souvent mêlé d'oxide de carbone. La flamme et d'autres plus blanches plus éclairants qu'il renferme une plus grande quantité de carbone. L'oxide de carbone donne au contraire une flamme bleue très peu éclairante et on l'obtient en plus grande proportion lorsque la température est trop élevée et à la fin de l'opération. L'hydrogène carboné se décompose alors. Son pouvoir éclairant va toujours en diminuant quoique la quantité de gaz produite augmente de beaucoup. La quantité ne s'obtenant ainsi qu'au détriment de la qualité, il importe de ne soumettre la houille qu'à la température convenable pour la production du gaz le plus carboné.

Toutes les houilles contiennent des produits azotés et du soufre il en résulte la formation de sels ammoniacaux, d'acide hydrosulfurique et de sulfure de carbone qui offrent de graves inconvénients, surtout l'acide hydrosulfurique qui noircit l'argent, le cuivre les peintures, &c., et dont l'action sur l'économie animale est dangereuse. L'un et l'autre du reste exhalent en brulant une odeur sulfureuse aussi piquante aussi nuisible qu'infecte. De là la nécessité de purifier le gaz, ce qu'on fait au moyen de trois appareils dits Barillet, condenseur et dépurateur, et par une série d'opérations dans lesquelles nous nous dispenserons d'entrer. Le meilleur procédé connu jusqu'ici est de faire passer le gaz à travers le Lait de chaux. Les principaux résidus de la houille sont le Coke, dont on fait un si grand parti pour le chauffage, et du goudron.

Après sa purification, le gaz se rend dans un vaste réservoir appelé gazomètre d'où il arrive par une infinité de gros tuyaux souterrains en fonte partagée par de petits lozanges, jusqu'aux becs qu'il doit alimenter. Un robinet l'empêche de s'échapper lorsqu'on ne l'allume pas. Dans beaucoup d'endroits, un Compteur, petit appareil fort simple indique la quantité de gaz brûlé dans un bec. Les explosions qu'on redoutait tant autrefois sont fort rares et très faciles à éviter avec un peu de prudence. Elles ont lieu lorsque le gaz, s'étant échappé des conduits à travers quelque fissure, a rempli une pièce close dans laquelle on pénètre avec de la lumière ; ce qu'on ne doit faire qu'après s'être assuré par l'odorat de l'absence de tout danger.

L'hydrogène carboné que les substances huileuses et les résines procurent par leur décomposition, renferme une plus grande quantité de carbone, fournit plus de lumière sous le même volume et l'absence d'acide hydrosulfurique et de sulfure de carbone en rend la purification beaucoup plus facile. Les plus mauvaises huiles, celle de poisson par exemple, et le brai sec peuvent être employés avec avantage dans sa production. Le gaz qu'on distribue à domicile au moyen de réservoirs portatifs en provient, et si l'on n'a pas encore adopté partout les matières grasses de préférence à la houille, c'est particulièrement parceque leurs résidus, faute de savoir comment les utiliser, n'ont presqu'aucune valeur. Pour produire une lumière égale à celle d'une lampe Carcel brûlant en une heure 42 grammes d'huile, le bec de gaz de la houille consomme dans le même temps 106 à 110 litres de gaz, celui de la résine 38 à 60, et le bec de gaz de l'huile 28 à 30 litres seulement. — Les gaz de l'huile et de la résine offrent encore cet avantage qu'il n'ont besoin pour les épurer ni de condensateur ni de dépuration, qui nécessitent dans pour leur production de vastes usines et que des petits gazomètres suffisent pour les contenir.

Daguerréotype.

C'est à l'essor que la Chimie a pris depuis une cinquantaine d'années que nous devons l'art de la Photographie et le Daguerréotype. Dès le commencement de ce siècle, quelques physiciens avaient déjà cherché à tirer parti de l'action de la lumière sur les sels d'argent pour reproduire les contours et les ombres des peintures sur verre et obtenir des silhouettes sur du papier placé derrière des vitraux exposés aux rayons du soleil. — Après quelques tentatives de cette nature, Mr. Wedgewood ayant songé à fixer les images formées au foyer de la chambre obscure n'en obtint que de très imparfaites qui noircissaient et s'effaçaient à la lumière. Un autre anglais, Mr Niepce, qui publia en 1827 un mémoire sur la Photographie, se servant d'une lame de plaqué, qu'il recouvrait à l'aide d'un tampon d'un vernis de sa composition, fut plus heureux dans ses essais

Mais tout cela était loin de conduire aux beaux résultats auxquels parvint quelques années plus tard un Français, Mr. Daguerre, qui s'était déjà signalé de concert avec Mr. Bouton, par l'invention du Diorama. C'est en 1839 qu'il fit connaître l'admirable procédé imaginé par lui et auquel il a donné son nom.

Tout le monde connaît le Daguerréotype et son utilité. On sait avec quelle exactitude et quelle promptitude on reproduit par son moyen, les images des personnes, les monuments, les paysages, les gravures et généralement toute espèce d'objet. Depuis quelques années, on s'en sert beaucoup pour l'exécution des portraits. Cet appareil est léger, portatif, peu coûteux, consistant principalement en une boîte qui renferme la chambre obscure, garnie d'une lunette, et dont la dimension varie selon la grandeur des plaques que l'on veut employer.

Ses accessoires sont : une autre boîte plus petite, vitrée et pourvue d'un thermomètre, dans laquelle on expose les plaques à la vapeur du mercure chauffé avec une lampe à esprit de vin ; des bassins pour faire des dissolutions et quelques flacons renfermant les agents chimiques dont on a besoin

Voici

Voici comment on procède : On expose une plaque d'argent ou de plaqué d'argent bien poli à l'influence des vapeurs d'iode pour qu'il se forme à la surface une couche très mince d'iodure d'argent. On met ensuite cette plaque au foyer de la chambre noire, tournée vers la personne ou l'objet qu'on veut reproduire, et de manière qu'elle reçoive l'action de la lumière dont l'effet est de modifier plus ou moins profondément l'iodure d'argent en raison de l'intensité des rayons lumineux, l'attaquant fortement dans les parties frappées par la lumière la plus vive, le décomposant dans les demi-teintes proportionnellement à l'intensité lumineuse et le laissant à peu près intact dans les ombres les plus noires. L'image existe alors sur la plaque, mais elle est invisible. On la fait paraître en exposant la plaque à l'influence de la vapeur du mercure, dont les globules se déposent sur les parties décomposées par la lumière et constituent les blancs du dessin produits par un amalgame d'argent. Pour terminer l'opération, il suffit d'enlever la couche d'iodure d'argent qui existe encore sur la plaque, et qui continuerait à se décomposer par une nouvelle exposition à la lumière, ce qu'on fait en lavant la plaque avec une faible dissolution d'hyposulfite de soude.

Au moyen de dissolution de brome ou de chlore employées à l'état de vapeur, on est parvenu à augmenter considérablement la sensibilité de la couche impressionnable, ce qui permet d'obtenir les images dans un temps beaucoup plus court. Avec le brome, la durée d'exposition de la plaque dans la chambre obscure peut être réduite à un soixantième de ce qu'elle était avec la couche d'iodure d'argent simple.

Pour donner plus d'éclat et de solidité au dessin, rendre les blancs plus brillants et les noirs plus foncés, on traite, en dernier lieu, la plaque à chaud par une liqueur contenant de l'hyposulfite double de soude et d'or.

Par la Galvanoplastie on obtient aujourd'hui des épreuves des plaques daguerriennes bien réussies, et l'on est même parvenu, à l'aide d'acides, à les transformer en planches pouvant être soumises à l'impression en taille-douce et donnant des épreuves tirées par les procédés ordinaires. On peut également remplacer, dans la photographie les plaques métalliques par des papiers dits photogéniques, préparés à cet effet, mais jusqu'ici les images tracées sur ces papiers sont bien inférieures sous tous les rapports, à celles fixées sur les plaques

Pantographe.

Le Pantographe est un instrument fort ingénieux au moyen duquel on peut, sans connaître le dessin, copier mécaniquement, avec la plus rigoureuse exactitude, toutes sortes de plans, d'estampes, de gravures, et en faire même des réductions de toutes grandeurs. Les copies qu'elles soient réduites ou égales en dimensions aux modèles ne laissent rien à désirer sous le rapport de la netteté des lignes, de la fidélité du contour, de la parfaite similitude ou de la précision mathématique de l'ensemble.

Cet instrument, dont l'utilité est fondée sur les propriétés des triangles semblables, est composé de quatre règles, deux grandes deux petites, qui forment toujours un parallélogramme parfait. Elles sont mobiles autour de leurs points d'assemblage au moyen d'axes de cuivre fixés en ces points, rivés en dessus et retenus par un écrou en dessous. En un point de l'une des petites règles, point que l'on déplace selon la grandeur, par rapport à l'original, de la copie que l'on veut faire, est un axe de rotation portant un pied de plomb retenu immobile sur le papier à l'aide de petites pointes. En dehors du parallélogramme, et, sur le prolongement de l'une des grandes règles, un calquoir, et sur le prolongement de l'autre, le crayon qui doit donner la copie fidèle du dessin que l'on veut reproduire.

Le calquoir, le tourillon d'axe et le crayon, cylindres de cuivre égaux en épaisseur, sont disposés sur une même ligne droite, ainsi dans les réductions la position du calquoir donne la même, tandis que celle de l'axe de rotation change tout en restant sur la même ligne. En écartant ou rapprochant l'une de l'autre les deux grandes règles comme les branches d'un compas, on fait tourner tout le système autour du pivot, et c'est dans ce mouvement de rotation, qui s'opère avec une extrême facilité, que le crayon trace, d'un côté des figures égales ou semblables à celles dont les lignes sont suivies du côté opposé par le calquoir.

Phare.

On appelle phare un grand fanal placé au haut d'une tour pour les besoins de la navigation. La tour qui supporte ce fanal est également appelée phare ou tour à feu, mais, en général, les marins les désignent simplement sous le nom de feux. Ils ne leur donnent ceux de phare ou de tour que s'ils les aperçoivent ou rappellent qu'ils les ont aperçus de jour, alors que leur fanal est éteint.

L'usage d'allumer des feux sur les côtes pour guider les marins durant l'obscurité remonte à l'antiquité la plus reculée, ou, plutôt, à l'enfance même de la navigation. Homère nous apprend que le naufrage des vaisseaux grecs qui revenaient du siège de Troie fut occasionné par un feu trompeur que la passion de la vengeance avait fait allumer sur un promontoire. Les Anciens ne pouvant entrer dans un port, se tenaient entre deux rochers. On n'en était alors qu'aux bûchers placés sur le sol en un lieu apparent. Longtemps après on les fit entretenir sur une haute tour dans l'île de Pharos voisine d'Alexandrie et c'est de là que les tours de ce genre prirent le nom de Phare.

Les anciens en ayant élevé dans tous les principaux détroits, phare devint vers le milieu synonyme de détroit. Voilà pourquoi on appelle encore aujourd'hui Phare de Messine le canal qui sépare la Sicile de l'Italie. Pendant une longue suite de siècles, on s'en est tenu pour cet utile éclairage à de simples feux renfermant une lampe d'une très médiocre clarté. Au moyen âge, particulièrement sur le littoral de la Méditerranée les tours à feux servaient également à faire des signaux le jour et à la défense des côtes.

On a amélioré considérablement depuis quelque temps les appareils d'éclairage à l'égard des phares qu'on voit aussi à l'intérieur afin d'éviter les naufrages. Ici les phares verres d'éclairage annulaires; les faisceaux de lumière qu'ils projettent au loin sont diversement colorés; d'ailleurs ils sont à éclipses calculées de telle sorte que le marin peut savoir par la durée des éclipses en présence de quel phare il se trouve. Les améliorations dont ils ont été l'objet ont eu pour effet d'augmenter de beaucoup l'éclat et la portée de leurs rayons lumineux. On se sert communément aujourd'hui de lampes à miroirs paraboliques. C'est du reste l'emploi de ces lampes qui a conduit à former avec les réverbères des feux à éclipses, dits aussi feux tournants, car les faisceaux lumineux étant constamment parallèles aux axes de la surface parabolique, il en résulte que les faisceaux alternent avec des parties angulaires dans lesquelles les observateurs ne reçoivent que peu ou point de lumière inconvénient grave qui pouvait, dans certains cas, compromettre la sûreté des navires et auquel il importait de remédier. Les éclipses sont déterminées par la rotation d'une plaque verticale à laquelle sont adaptées les lampes et dont les révolutions s'accomplissent dans des temps égaux. Lorsque le plan se trouve dans une position perpendiculaire au rayon visuel de l'observateur, la plaque projette la lumière du fanal avec tout son éclat; cette lumière diminue ensuite progressivement, s'efface, reparaît ensuite une faible lueur, augmente et brille enfin de nouveau avec toute son intensité. Chaque révolution ramène cette série de variations.

Beaucoup de Phares sont pourvus de grands verres lenticulaires, formant, par leur réunion, un prisme vertical, et ne contiennent qu'une seule lumière d'une grande force placée au centre. Il en est dans le bec de lampe, composé de quatre mèches concentriques, équivaut pour la lumière à une vingtaine de lampes Carcel. D'autres portent sur un axe vertical ramifié plusieurs fanaux à double argent. Les appareils d'éclairage des phares sont enfin fort variés dans leurs formes leurs mécanismes et leurs effets. Pour concentrer, diriger la lumière, et augmenter la vivacité et la portée, on emploie communément des glaces étamées, et des surfaces paraboliques de cuivre argenté.

Toutes les puissances maritimes comprenant l'utilité de ces établissements se sont attachées, depuis une quarantaine d'années, à les multiplier, et à les perfectionner. Des Phares indiquent l'entrée de tous les ports un peu importants de même que l'embouchure des fleuves ou des rivières navigables; il en est de flottants sur des bâtiments solidement ancrés n'ayant pas d'autre destination, et l'on en voit le long des côtes, au dessus des caps saillants ou sur des îlots, dans tous les passages où la navigation est un peu active. Quelques uns parmi les principaux, s'aperçoivent encore à la distance de plus de cinq myriamètres.

Marine.

La navigation est tout à la fois l'art de se conduire à travers les immenses espaces de l'Océan et le mouvement qui, à l'aide de cet art si précieux, s'opère en tous sens d'un rivage à l'autre. L'ensemble des moyens théoriques et pratiques, le matériel et le personnel que la navigation met en œuvre constituent ce qu'on appelle la marine.

Le premier homme qui s'avisa de creuser un tronc d'arbre, comme le font tous les sauvages et de s'aventurer sur l'eau porté par ce frêle et grossier esquif, pouvait être, à proprement parler, regardé comme l'inventeur de la navigation, car il n'est guère possible d'admettre que cet art qui provoque à si bon droit notre admiration et dont les progrès, dûs aux plus grands efforts de l'esprit humain, ont nécessité le concours de toutes les sciences, ait eu des débuts plus brillants. — Les plus anciens navigateurs se traînaient péniblement le long des côtes et, quand ils furent assez hardis pour perdre la terre de vue, ils n'osaient encore entreprendre de longs voyages. N'ayant pour se conduire que l'aspect du ciel, lorsque la terre avait disparu sous l'horizon ils s'attachaient à étudier la position des étoiles, la marche apparente des constellations, plus spécialement de la grande ourse et de la petite ourse, et ils connurent alors l'étoile polaire qui seule a guidé si longtemps les hommes à travers les plaines mouvantes de l'Océan.

La Phénicie est la première contrée que la navigation ait rendue célèbre. On sait à quel degré de richesse et de puissance parvint Tyr. Cette ville fondée [illegible] plus fine voilure ou meilleure marche que ceux du commerce. Quant à ceux-ci, ils portent souvent des bouches à feu, si ce n'est lorsqu'ils naviguent dans des parages où ils ont à redouter la rencontre de pirates. Ceux d'entre eux qu'on arme en temps de guerre pour la course prennent le nom de Corsaires.

La forme générale des navires est, à peu près, celle d'un poisson. On appelle Gabarit le modèle ou le plan d'après lequel un navire est construit. Le corps du bâtiment porte le nom de coque, et l'on désigne spécialement sous celui de carène la partie qui est toujours immergée. Son intérieur reçoit la lumière et l'air par les panneaux, les fenêtres, les sabords et les hublots.

Lorsqu'il est d'une certaine dimension, on le divise en plusieurs étages séparés par des planchers appelés ponts. Les navires marchands n'ont que deux divisions, la cale et l'entrepont ou le faux pont. Les grands navires de guerre, c'est-à-dire les vaisseaux et les frégates en ont seuls trois, quatre et même cinq. Celles au-dessus du faux pont sont les batteries ouvertes.

La mâture, le gréement et le gouvernail sont également regardés comme éléments constitutifs du navire. Tout bâtiment a un, deux ou trois mâts verticaux, dits grand mât, mât de mizaine et mât d'artimon, plus le mât de beaupré qui forme à l'avant une diagonale plus ou moins rapprochée de la ligne horizontale. Les mâts portent les vergues auxquelles sont fixées les voiles. Des cordes servent à consolider la mâture et à disposer les vergues et les voiles, selon que l'exigent la force du vent et la direction eu égard à la route que l'on doit suivre. L'ensemble de ces cordes, qui ont toutes un nom, compose le gréement.

Pour le service des ancres qu'on manœuvre avec un cabestan ou un guindeau, pour haler, ammarer, embosser le navire, on se sert d'autres cordes fort grosses appelées câbles, tournevires, guerlins, aussières. Sur tous les bâtiments de guerre et sur beaucoup de ceux du commerce, on remplace aujourd'hui les câbles par des chaînes de fer. Chaque voile porte aussi un nom particulier.

La

La construction des navires a beaucoup varié depuis l'origine de la navigation, en raison des progrès et des besoins de cet art ainsi que des époques et des climats, et elle diffère encore selon la nature des services auxquels on les destine, ou selon les voyages qu'ils doivent exécuter. Les baleiniers ne sont pas construits comme les bâtiments qui prennent des chargements de sucre, de café ou de coton. Beaucoup de pays ont d'ailleurs des navires qui se font remarquer entre tous par leurs formes exceptionnelles, leurs mâts, leur genre de voilure et leur gréement. C'est ainsi que la Chine a ses jonques et ses champans. L'Inde et l'Arabie ont aussi des bâtiments qu'on ne retrouve pas ailleurs. Les galiotes hollandaises n'ont absolument aucun rapport de conformation avec les djermes, les dahabiés et les bouliches de la Turquie. Les tartanes, les pinques, les balancelles

Les Bombardes sont des bâtiments particuliers à la Méditerranée, où l'on se sert beaucoup de voiles latines ou triangulaires. Les chasse-marée et les lougres sont équipés dans les ports de la Manche et de l'Océan où l'on donne la préférence aux voiles quadrangulaires. Les Vaisseaux, la frégate, la corvette, la gabarre, le trois mâts, le brick, la goëlette, le cutter, &c se retrouvent avec des formes à peu près les mêmes chez toutes les puissances maritimes.

La capacité ou l'importance du chargement qu'un navire peut recevoir est exprimée en tonnage c'est-à-dire en unités de 42 pieds cubes ou du poids de 1000 kilogrammes; mais on ne parle du tonnage qu'à propos des bâtiments du commerce, car ce qu'il importe de connaître d'un bâtiment de guerre c'est la force représentée par le nombre de ses bouches à feu.

Un navire gouverne bien ou mal selon qu'il obéit avec promptitude ou avec lenteur au gouvernail. Il est ardent lorsqu'il a une tendance à venir dans la ligne du vent; il est au contraire appelé mou lorsqu'il ne vient au vent qu'avec beaucoup de peine

Bien porter la voilure, tanguer et rouler le moins possible, avoir une marche rapide, se prêter facilement à toutes les manœuvres, tenir enfin parfaitement la mer, telles sont les qualités d'un bon navire.

Les marins se dirigent aujourd'hui à l'aide de bonnes cartes et d'observations astronomiques, favorisés par d'excellents instruments qui permettent de connaître positivement le lieu où l'on se trouve, alors qu'au milieu des mers on n'aperçoit que le ciel et l'eau.

La navigation est sans contredit de tous les arts celui qui a le plus agrandi le cercle de nos connaissances. Sans elle nous serions encore dans les langes de la barbarie; nous ignorerions la moitié des contrées, des peuples et des productions de notre globe. Elle a ouvert d'abondantes sources de richesses, et elle est devenue le plus puissant agent de civilisation, un lien qui doit avoir pour conséquence de ne faire de tous les peuples épars sur la terre qu'une seule famille.

FIN.

Gravé par Mainster et Stucker

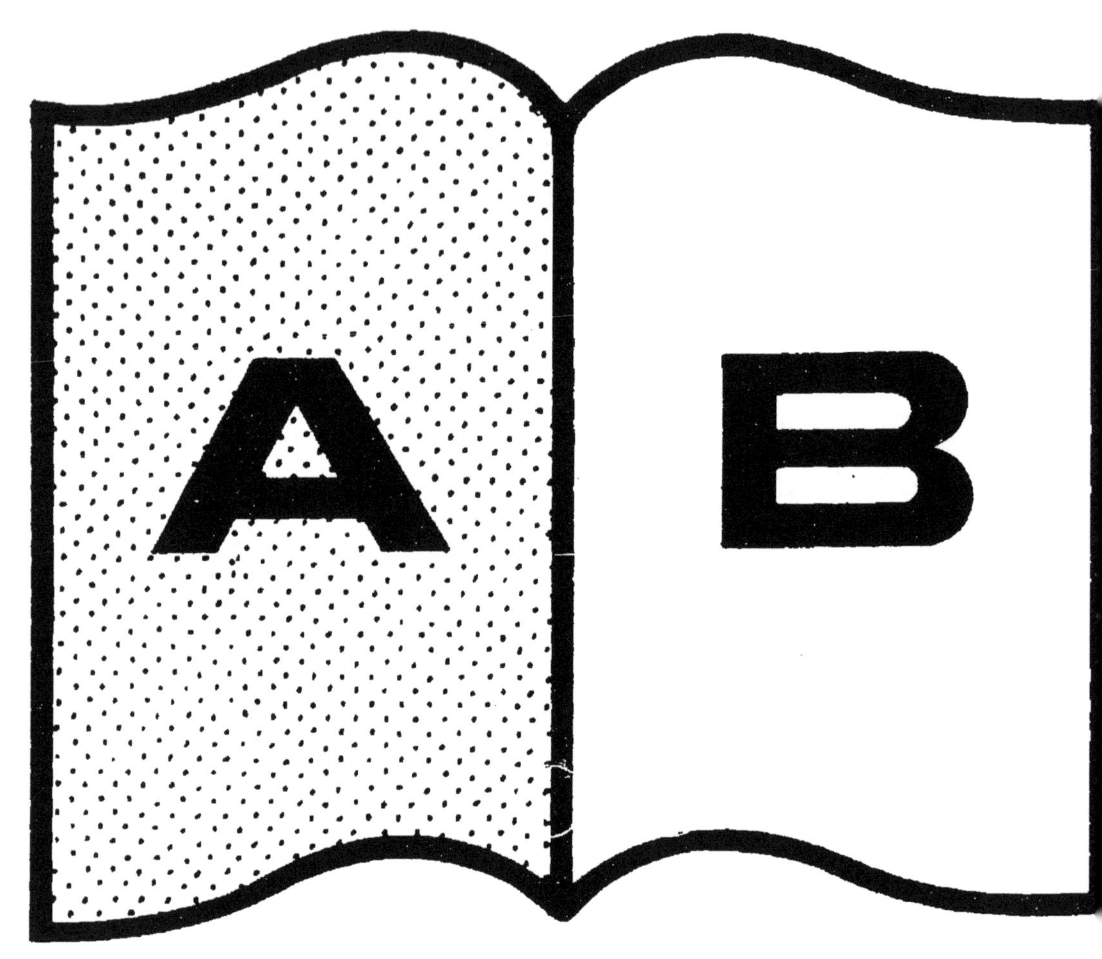
A
B

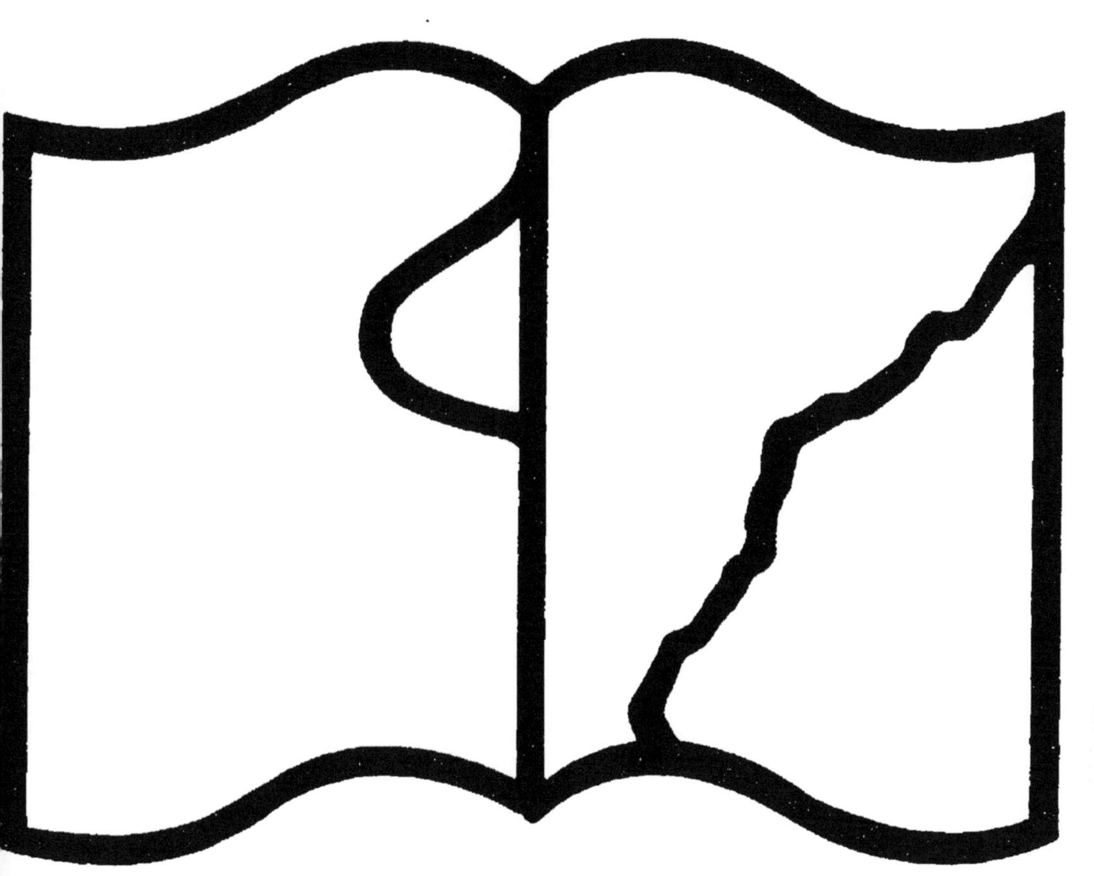

Texte détérioré — reliure défectueuse

NF Z 43-120-11

www.ingramcontent.com/pod-product-compliance
Ingram Content Group UK Ltd.
Pitfield, Milton Keynes, MK11 3LW, UK
UKHW020156200726
13856UKWH00003B/1023